今天也要用心过生活

渡边真纪 著　张旭 译

○○○

家的样子
你的样子

整える、調（ととの）える。料理、掃除・片づけも少しずつ

北京时代华文书局

图书在版编目（CIP）数据

家的样子，你的样子：今天也要用心过生活／（日）渡边真纪著；张旭译．
— 北京：北京时代华文书局，2017.2
ISBN 978-7-5699-1371-2

Ⅰ.①家… Ⅱ.①渡… ②张… Ⅲ.①家庭生活－基本知识 Ⅳ.①TS976.3

中国版本图书馆CIP数据核字（2017）第012252号

北京市版权著作权合同登记号 字：01-2015-5721

TOTONOERU, TOTONOERU. RYORI, SOJI·KATAZUKE MO SUKOSHI ZUTSU ©2015 Maki Watanabe
Edited by CHUKEI PUBLISHING
Original Japanese edition published by KADOKAWA CORPORATION
Simplified Chinese Character rights arranged with KADOKAWA CORPORATION
Through Beijing GW Culture Communication Co., Ltd.

家的样子，你的样子：今天也要用心过生活
JIA DE YANGZI NI DE YANGZI：JINTIAN YE YAO YONGXIN GUO SHENGHUO

著　　者	（日）渡边真纪
译　　者	张　旭
出 版 人	王训海
选题策划	陈丽杰　李凤琴
责任编辑	陈丽杰　李凤琴
装帧设计	龙　梅　王艾迪
责任印制	刘　银　訾　敬

出版发行｜北京时代华文书局 http://www.bjsdsj.com.cn
　　　　　北京市东城区安定门外大街136号皇城国际大厦A座8楼
　　　　　邮编：100011　电话：010-64267955　64267677

印　　刷｜固安县京平诚乾印刷有限公司　0316-6170166
　　　　　（如发现印装质量问题，请与印刷厂联系调换）

开　　本｜880mm×1230mm　1/32　印　张｜6.5　字　数｜105千字
版　　次｜2017年3月第1版　　　　　印　次｜2018年3月第5次印刷
书　　号｜ISBN 978-7-5699-1371-2
定　　价｜39.80元

版权所有，侵权必究

前言
家的样子,决定你生活的样子

把生活过得简单、丰盛、美好,把房间整理得舒适、自在,这才是热爱生活的人。

收纳,经由我们的手,把房间、厨房、冰箱、壁橱、包里、电脑里……生活中所有的部分都整理得井井有条。在打开衣柜或者碗橱的那一刻,不仅看得见秩序与美,也能看到我们对生活的热爱和用心。

虽说我的本职工作是"烹饪料理",但对于一个热爱生活的人而言,"整理生活"与这份工作是同等的重要。杂乱、邋遢的厨房或是房间,会让我心绪不宁无法沉下心来,这样做出的料理,无论是外观还是口感多多少少都会受到一些影响。

为了"整理"好自己的生活,数年前我就抱着"这样做是不是更简单易行","这样做是不是可以更舒服"的想法,一点一点给自己定下了一些小原则。诸如：再小的家务事也要勤勉地去做；多琢磨一些简单易行的收纳整理方法；哪怕是一件小事也要尽量提前做好该做的准备；不要把做这些看作是一种"义务"，而把它当作是一个"快乐的习惯"，等等。遵循着这些小原则，我发现我的生活节奏变得更舒服和自然。

好的收纳，不仅仅能让居家物品更整齐有序，也能最大限度地拓展空间，让空间更流畅、通透和敞亮。收纳的关键在于习惯的养成，一开始要强迫自己遵守物归原位的习惯，并适时调整最佳位置，收纳越合理，越有助于习惯的养成，一旦坚持下来，好的收纳也就可持续了。另外，在物质极为丰富的今天，一定要谨记，东西越少，越好收纳。

当我的头脑被做家务的"义务感"的念头塞满时，做事效率就会低下，且有被追赶着的匆忙感。有一类人，他们会制作自己的"任务清单"，盘算着该处理的事项，然后完成一项，涂掉一项（这也是一种不错的方法），并且从中获得成就感。但是换作是我，如果到了必须要制作这样的"任务清单"的时候，那一定就是我的状态出问题的时候了。因为"必须得做"的事，会让我心情极为不悦，做事效率也会降低。收拾、打扫，这些家务事，本来是让人心情愉悦的事，然而一旦把这种事当作义务，就总会让我感到哪里有些不对劲儿。做同样一件事情，是带着愉悦快乐的心情专注地去做，还是倦怠地当作是一种义务去做，我觉得区分两者的关键就在于是否还能保持自己原有的生活节奏不被打乱。

发自内心迅速着手去做那些该做的事，会令人更愉快，也更有干劲，无论工作还是家事都会进展得很顺利，完成的工作量也会大大提高，总之，感觉非常舒畅。与此同时，和家人的关系也变得越来越和谐。

虽然常有劳累了一整天什么也不想干的日子，也有看着杂乱的屋子郁闷不已的时候。但是正因为有了一些整理生活的小窍门，或者养成的从容不迫的收纳习惯，现在我生活在一个还算舒服和美好的状态。

烹饪料理也好，做家务也好，爱生活就要把自身和生活"整理"好，并"调出"自己的味道。家的模样，决定你生活的模样，家是快乐生活的地方，居住在舒服自在的房子里的人，会有旺盛的生命力，并且过得充实美好。

渡边真纪

目录
CONTENTS

002 / 前言　家的样子，决定你生活的样子

第一章　在你拥有的物品中，发现想要的生活

002 / 挑选质量上乘，好用好收纳的清扫工具
004 / 玄关和卫生间的清洁感，体现一个家的细节
008 / 餐具摆放要做到一目了然
012 / 腾出更多的收纳空间
017 / 给孩子的玩具找个"家"
020 / 断舍离，衣橱只放喜欢的衣物
026 / 好好保养，物品更耐用
027 / 洗熨衣服，是最不可以拖延的一项家务
032 / 家里有多功能提筐，生活方便了很多

第二章　充满趣味与平和的生活

036 / 和家人朋友分享食物，会让人更快乐
041 / 赠送他人礼品是生活中的小乐趣
044 / 旅行提早筹划，就会舒心很多
046 / 我喜欢做家务手忙脑乱，自在无碍的状态
050 / 和孩子一起招待客人
057 / 每周买一次鲜花
059 / 自己动手做礼物

第三章　让每天都充满简单的快乐

064 / 不写任务清单会轻松很多
067 / 勤换单褥
069 / 在细碎的时间里锻炼身体
073 / 写信寄给亲爱的朋友
076 / 在洗浴时，彻底放松自己

第四章　我家厨房的美好日常

080 / 厨房是家最美的地方
082 / 不知道做什么时,看看基本菜单
084 / 工作忙翻天,就用速成汤汁料吧
088 / 用心调出的味道一般不会错
092 / 适当减盐也能很美味
097 / 伴随美食一起摄取铁和钙
101 / 用五谷杂粮做出惊人美味
106 / 一切美食必须好食材
110 / 亲手制作拌饭小菜
115 / 为家人做饭是一种无法言说的幸福
119 / 选购食材,也是生活中的一大乐趣

第五章 让每日餐桌简单丰盛美好

126 / 在忙碌的日子,也能吃得美美的
136 / 身体不舒服时,就煮一碗好喝的汤
139 / 吃新豆也算是生活中的小确幸吧
145 / 草本和香料带来的美好时光
148 / 遇见乡土料理,感受日子的丰美
150 / 轻松做出美味的节假日聚餐
160 / 我家私房咖喱的独特风味
164 / 快乐"蒸生活"

171 / 我的食材生活日记

第一章

▽

在你拥有的物品中，
发现想要的生活

东西买了，就好好用，常常用
家庭大清理，要选择恰当的时间
打造干净、整洁的空间
摆放物品要做到一目了然

挑选质量上乘,好用好收纳的清扫工具

清扫工具要挑选质量上乘、好用好收纳的,一旦购入,就好好用,常常用。

做家务是我们始终无法逃避的一件事情,所以"喜欢的工具"往往就意味着是好用的工具。对烹饪料理而言,好切的刀具,或是用途各异而用起来顺手的锅具都是非常必要的。清洁扫除也是如此,有了"用着舒服的工具",干起活来也会觉得格外舒畅顺利。特别是需要用刷帚和刷子"擦"的时候,往往是非常麻烦的。如果有了设计合理、握着手感舒服的刷帚和刷子,就会把你从繁重的家务中解放出来。我建议把刷子按照"××专用"或是"按用途"多备用几种。避免用不合适的工具勉强去做不适合的工作(比如用软刷子刷擦硬的东西,反之也不行),否则会缩短工具的使用寿命。

厨房里经常使用的刷帚或刷子之类的,我在第 6 页的照片里已经介绍了,基本上我使用的都是那些用棕榈、猪鬃等天然材料制作而成的工具。我觉得长久以来"龟型刷帚"是日本人引以为

豪的名物，还有以扫帚而出名的"白木屋传兵卫"，他们家的棕榈刷不论是外观还是手感，都让我非常满意。

另外，在家里刷洗运动鞋用的刷帚（可以伸到鞋子头部的那种细长棕榈刷帚），衬衫衣领专用的刷子（UXO奥秀的Good Grips系列的掌中刷，是用尼龙和橡胶制成，所以特别适合需要用洗涤剂清洗的衣物）。我还常用北欧产的刷子刷去大衣上的灰尘。

除了刷帚和刷子，我也有几把爱用的扫帚。比如，清扫玄关时常用的"白木屋传兵卫"和式扫帚。其实最初我把它买回来是想用它打扫室内房间，但是因为它可以把从外面带进来的细小灰尘都扫得干干净净，所以我就把它"下放"到了玄关使用。其他还有室内用的扫帚（有一些无法清理出吸尘器的灰尘），床被用的刷子（早上掀开被子前，可以轻轻刷去一些线头什么的），等等，把它们放在便于顺手拿进拿出的地方。

虽然是一件很小的事情，可是在不同的地方，放上几把手感不错的刷子或刷帚，真的会给我的清扫工作带来不少乐趣。这些清扫工具要挑选质量上乘、好用好收纳的，一旦购入，就好好用，常常用。

玄关和卫生间的清洁感,体现一个家的细节

为了打扫方便,在那些容易积灰的地方,不要放置多余的东西,这点非常重要。

把房间整理打扫得舒适、自在,是一种能力,也是一门艺术。每天在家里打扫,总能凭着经验发现那些容易藏污纳垢的地方。明明觉得自己已经打扫得很干净了,可还是会时不时地因为发现"这里怎么又那么脏了",而感到失望和沮丧。尽管如此,同时也正是因为有了这些容易藏污纳垢的区域,才使我觉得每天的清扫除尘是那么重要。

在我们家,这些区域就是玄关和厕所。由于孩子还小,再加上因为我的工作需要,常会在家摄影或是和工作人员碰头,因此会有很多人进出我家,这也许是我们家特有的问题。

还是小学生的儿子,每天都是在外面玩到满身尘土再回家,所以鞋上沾着尘土回到家中,玄关一下子就会被搞得脏兮兮的。因此,每天早晨我都要进行"扫帚扫+抹布擦"的组合清扫。虽然麻烦,但是只有这样才能使玄关保持良好的空气对流,让人感

到舒服。

打扫厕所时我会先对着水箱从上到下喷上除菌用的酒精，然后擦净。我一般不用抹布，而是使用打扫厕所专用纸，擦完后用水冲走就行。下一步就是打扫座便器的周围，先喷上环保的家用洗涤剂，再用刷子用力刷干净。最后用酒精把厕所刷干净。这就是我清扫厕所的一套流程。厕所的换气扇也很容易积灰，必须每个星期擦洗一次；坐便器则需要2~3周一次用柠檬酸擦拭，这样才能把顽固的黄渍去除干净。我一般用"无印良品"的喷瓶装酒精和家庭用洗涤剂，柠檬酸也用小瓶事先分好，需要时用起来特别方便。我也经常会在卫生间喷洒几滴水果香味的香水，很清洁的美味哦。

玄关和卫生间的清洁感，体现一个家的细节。

家里还有其他一些容易藏污纳垢的地方，比如：垃圾箱、浴缸、煤气台、换气扇的周围。每天仔细对待这些地方也很是重要。油渍要当天清除干净，这是我必须坚守的原则。一般不常去触碰的空调，也要一年请一次专业人员上门来清扫。

为了打扫方便，在那些容易积灰的地方，不要放置多余的东西，这点非常重要。在考虑放置打扫器具的时候最好是和"打扫"本身一起来配套考量。

我们家的刷子。右起：清洗水口和保温瓶的刷子；拧成龟型用于清洗锅子等厨房用具的炊帚；粗细分别不同的2根棒形刷帚用于清洗各种水槽；最左边的龟型刷帚是用来洗蔬菜的。各种不同的刷帚，充分晾干后，收纳于箩筐或是抽屉里。

擦水槽时，一面用刷帚擦一面用手确认是否光滑。每天清洗的话，不必特意去使用清洗剂。

自来水龙头的周边，漂白粉和氯很容易结块。在结成水垢前，就要尽快清除。

垃圾箱是意大利 Kartell 的产品。每天早上擦地板的时候顺手用抹布把垃圾箱两侧擦干净。

绿色环保的家庭用洗涤剂，烤箱专用洗涤剂，瓶装柠檬酸。

用抹布擦地板时，因为瓷砖有凹凸，所以要用力气使劲地擦。

每天都要打扫玄关。首先，用扫帚把大的尘土扫干净。

餐具摆放要做到一目了然

为每个物品找个家,好收、好拿、好轻松,看到也会让人赏心悦目。

我喜欢的是那些能安然接纳生活的餐具,为每个物品找个家,好收、好拿、好轻松,看到也会让人赏心悦目。在家招待亲朋好友的时候,我都会让客人参与一些诸如摆放餐具这样简单的准备工作。因此我们家的餐具都放在容易找到的地方,那就是餐柜左上方的两个抽屉里。

一边的抽屉里放的是柳宗理、Kai Boisun 的不锈钢餐具,另一边抽屉放的是从制作家那里或是民间工艺品淘来的木制或是竹制的餐具。在放置竹木餐具的抽屉里,还放有一个小竹筐,里面都是些筷架、调羹之类的餐具小物。

银餐具(在旅行地淘到的中古品,以及买来的克里斯多夫的新品)和其他物品放在一块儿容易发黑,因此把它们放在一个布包中,这是我儿子小时候专门用来放断奶食物餐具的布包。我们习惯每年在圣诞节前夕取出这些银餐具,把它们磨得亮亮的,对自己说"今年一年辛苦了"!

放餐具的抽屉。右边放不锈钢制餐具,左边以木制餐具为主,进行大致的分类收纳。

请人做这个餐具器皿架的时候,专门定制了抽屉。

用来插放银餐具的布袋,是我利用餐布亲手制作而成的。

腾出更多的收纳空间

收纳是为了让生活过得更好,学习整理并喜欢上它,就能省下很多时间及心力。

　　收纳是为了让生活过得更好,学习整理并喜欢上它,就能省下很多时间积心力。别人告诉过我一个整理收拾房间的铁则,那就是"各物各有其所在"。当然我也是照着这个铁则"物品暂时存放处",确定了各种物品的不同放置场所,在手边有一个"暂时物品存处",我觉得就更方便了。

　　最初我有个"食材暂时寄存处"。那是为了工作和家庭的需要,我购入的食材也比较多,忙得稀里糊涂的时候,会发现"啊!又买重复了",这样的状况还真发生过不少次。这时我就辟出一块地方作为一个暂时"存放处"。摄影用的食材,放入容器前的干货,还有调味料什么的,就放在"暂时存放处"。这样做了以后,既能整理好东西,也可以瞄一眼就做到心中有数。因为体量也不小,平时我就用厨房的桌布把它盖起来,"遮人眼目"。

　　这个"暂时存放处"的方法,在收拾整理孩子的玩具时也得到了应用。在孩子两岁的时候，我们给孩子定下的规矩是"玩具玩好不放回原处，就会被扔掉"。可是当时孩子还小，有时在睡前，就很难遵守这个规矩，这时我们就会告诉孩子："把玩具归拢，一起放在一个筐里"，让孩子把这些玩具放在我们准备好的暂时"存放处"。让孩子知道，这是最起码要做到的一个底线。能做到这些，以后他就能慢慢养成好习惯了。

只要放任不管，纸品是很容易堆积起来的，有了"暂时存放处"，这个问题就迎刃而解了。作家个人展的宣传单、支付公共费用的账单，这些东西不宜放在难找的地方，我就用以前我们一家三口在小厨房里使用的圆形饭桶来放这些东西。文件类的物品，我把它们分为"工作""孩子学校""家庭"三类，分别放入标准型的三层木制托盘上。托盘中东西放满了，我确认后该处理掉的文件就处理掉，该收起来的文件就收起来。那些给我提供工作机会的杂志、样本杂志寄来后，过一段时间我就会把和我有关的那一页裁剪下来，做成文档收藏起来。这种纸品的整理收拾，以自我意识为主，所以做起来非常轻松。

发票类都放在Mead（品牌）的"十二格文件袋"中。按照每个月份分类非常方便。

孩子的玩具放在这个篮子里。当时就选了这个带把手的竹篮子，可以轻松地提着就走。

食材的"临时保管处"是以前在长野的特产展上买的竹箩筐,既结实又好用。

右边圆型小桶可以放一些广告宣传单或是账单。竖着放，找的时候一眼就能看到。左边是放文件用的"标准托盘"。这个托盘可以折叠也是我看中它的地方。

到了年末，边回顾这一年在杂志社的工作，边做成文件归档。这些年来都成了习惯。在反省自己的同时，也重新产生了"明年还要继续努力的"的念头。用的是"无印良品"的文件夹。

给孩子的玩具找个"家"

告诉孩子，玩具所在的地方就是你的责任所在。

家里有小孩子，整理收拾玩具可是一件让人头疼的事。尝试摸索了这样那样的不少方法，最近总算找到了一个叫作"自己的事情自己做"的方法，并且让孩子彻底贯彻执行。"吃完饭后把自己的碗筷拿去厨房""脱下的换洗衣服自己拿去放到洗衣筐里""玩好的玩具自己收拾"，等等。

关于整理那些一会儿就散乱得到处都是的玩具，首先要告诉孩子"这里是你的空间"，"玩具所在的地方就是你的责任所在"。在我们家，壁橱里放入了一个三层的塑料衣柜箱和波比推车（以前，在厨房里被当作调味料橱柜使用）。塑料衣柜箱用来放那些玩具汽车、火车、毛绒公仔等占地的玩具，小推车里放一些文房用具、纸质玩具等。小孩子也因为有了专属于自己的空间而特别高兴，较之以前也开始渐渐有了转变，也更加有了收拾整理的意识。

和室的壁橱。在鲍比马车的旁边是一个三层的装衣服塑料箱，现在用来放孩子的玩具。每半年一次我们母子二人一起把玩具都拿出来，处理掉一些不要的。

"鲍比马车"。它有很多个抽屉,因此用来收纳一些细碎的物品,非常方便。

断舍离，衣橱只放喜欢的衣物

整理衣服，有时候不是清洁课题，而是人生课题，你不过就是在不断纠正自己的人生，想弄清楚自己需要多少衣服，又能放下多少衣服。

换季的时候我有处理衣物的习惯。"今年基本没怎么穿，明年也不太可能穿"的衣服，趁着换季的契机，果断放手，不再留到下一年。还能穿的衣服，送去旧衣物回收店，旧的 T 恤用剪刀剪成回丝。为了用一个好心情来迎接新季节的到来，我都会在这个时候，修改一下衣服的尺码，给鞋子换个鞋掌什么的。

大家在买衣服的时候，常会遇到"很喜欢它的款式，可是只有一种颜色，却不是自己中意的"或是"颜色有些暗淡不太满意"等状况，这个时候我的建议是：把衣服买下来，再重新染色。如果可以用草本染色就更漂亮了，所以我用的就是市贩的简单染料（我常用的是在家居中心可以买到的"Dairon"）。把衣物和染料一同放入水中煮，然后洗净晾干，染色就算完成了，非常简单，而且还不用担心掉色。"野田珐琅"的圆形储物罐，不但不掉色，还可以直火加热，非常值得推荐。

我们家可以在很短的时间就完成衣服的换季。因为冬季衣物和夏季衣物，被分别收放在三个不同的衣箱中，所以换季的时候，只要把当季的三个衣箱搬到储物室（放置文件、清扫工具、旅行箱、平时使用的衣物等的小房间）的壁橱中，过季衣服的三个衣箱搬到和室的壁橱中，即衣物的换季就算完成了。正因为这些塑料衣箱体积完全相同，所以这个方法得以顺利实施。另外，那些不分季节常年穿的衣服和贴身衣物等，都放在储物室的壁橱、衣物架上或是小箱子里，确保它们有合适、固定的地方存放。

我不是那种会冲动消费的人，哪怕很想买的时候，也要先回家一次，确认现有的衣服，问问自己"买了以后真的不后悔吗？"，得到肯定的回答之后才会买下。所以这就要求我平时可以清晰地把握现有的衣物，这样收纳就显得尤为重要。整理衣服，有时候不是清洁课题，而是人生课题，你不过就是在不断纠正自己的人生，想弄清楚自己需要多少衣服，又能放下多少衣服。

不是当季的衣服都收到和式卧房的壁橱中。"无印良品"聚乙烯材质的装衣箱，可以从外面看到里面收纳的物品，找起来很方便。

储物室的壁橱。衣架上挂的衣服都是常年穿着的连衣裙等。下层的两个和左边的一个装衣箱用来调换，所以只要几分钟就能搞定衣服的换季。

重新染色的长衬衣和长围巾。原来是水蓝色的长围巾加了红色后染成了紫色，而淡蓝色的长衬衣加了同一色系的蓝色，被染成了深蓝色。

储物室里开放式储物架。这里叠放收纳着常年要穿的裤类衣物。下面的抽屉里收纳着一家三口的袜子、儿子学校用的运动服、环保便利袋等物。

保养工具。铁盒上放的是：Mowbray 的精细鞋油、仿麂皮专用鞋油、鞋刷。中间瓶子里装的是保养打理家具和木制品用的蜜蜡。

勤刷鞋,可以时常检查鞋底磨损情况,不会错过更换鞋掌的最佳时机。

好好保养，物品更耐用

虽说保养是一件挺麻烦的事，不过勤勉地做好这件事就可以延长物品的使用寿命，所以我觉得这是非常经济划算的。

　　虽说保养是一件挺麻烦的事，不过勤勉地做好这件事就可以延长物品的使用寿命，所以我觉得这是非常经济划算的。特别是鞋类的保养最能真切体会到这一点。每次外出，回来的当天或是第二天就用刷子刷去灰尘，每外出三次上一回鞋油，干了以后用干布擦去鞋油，并打光。30分钟到1小时后，放回鞋柜。擦鞋这件事不宜久拖，每次穿过之后马上擦拭也只是保养一双鞋的举手之劳，而且外出一次鞋上也不会沾染很多的灰尘，所以擦一双鞋要不了几分钟，非常简便。

　　要说家里其他需要保养的物品，那就算是皮包、木制的餐具柜、椅子、桌子、皮质沙发、木质或银质的餐具等。去除针织物上的毛球也可以算在其中吧！动手去做这些事的奇妙之处在于，它可以培养我们对物品的珍爱之情。到了现在这个年龄，我能更真真切切地体会到"多加保养可以使物品更经久耐用"的好处。

洗熨衣服，是最不可以拖延的一项家务

熨烫衣服这件事本身就是为了每天穿衣服时可以有一个好心情，那么我们在做这项家务的时候，是不是也应该保持一个好心情才对呢！

我一直认为，一个人所穿的衣服、用的物品，在某种程度上代表着人的生活态度和生活品味。对于平时一直提醒自己不要把家务攒起来的我而言，每天洗衣服是最不可以拖延的一项家务。在各种家务中，与做饭、清扫相比，洗衣服是我不太喜欢的一项。正因为如此，我就要把这项容易让我产生厌烦的家务，自然而然地穿插到我一天常规流程的工作中。

我们家洗衣机转动的次数为1天3次。早上第一次是为了一家三口的衣服而转动，第二次是为了家里的单褥。在家不用外出工作的时候，我就把洗好的衣物晒在阳台；如遇到天气不好的时候，就在浴室里开启干燥模式把衣物晾干。晚上睡觉前是第三次让洗衣机转动，这次是把毛巾类和厨房用的擦布类（每天漂白后用洗衣机再清洗一遍）集中在一起清洗，第二天早晨起床后再用

烘干机烘干。把衣物晾在外面，晒干的衣物有一种崭新的感觉，让人感到非常舒服（特别是单褥）。而用烘干机烘干的话，会有一种蓬松的触感，所以毛巾类比较适合。

在挑选洗衣剂方面，重点需要考量的当然是去渍。不过因为每天都要使用，所以如果香味让我们感到愉悦，特别是那种没有浓烈香味的洗衣剂，或是不伤手、环保的洗衣剂都在我的考虑范围。最近我常用的就是贴有环保标签的洗衣液，基本算是无味。对于从事烹饪工作的我来说，真是太给力了！

另外，有孩子的家庭，我推荐使用"Utamaro 肥皂"，且我周围的一些妈妈朋友们也有不少人在使用。因为这种肥皂可以彻底洗净那些一般不容易被洗掉的泥渍，以及吃东西时溅到的油渍等。这个牌子的肥皂、洗涤剂一贯使用的原材料都非常环保，不易损伤衣料，也不伤手，而且质量完全有保证。

为了尽可能地节省熨烫衣服的时间，我研究了一下洗衣后的晾衣方法。围裙、T恤、裤子等衣物，晾好后把它们拉直，然后用手心"乓乓"地拍打，再晒干。这样简单的一道"工序"，立刻就可以让晒干的衣服产生不小的变化。

我熨烫衣物一般都在晚间孩子睡觉后进行。刚结婚那会儿，连 T 恤都会一件一件认真地熨烫。可现在我不但要照顾孩子还要忙工作，所以能省则省。好在先生不是在公司上班，因此我不必每天熨烫衬衫，他平时穿着的也都是那些无需熨烫、质地天然的衣服。尽管如此，稍微用熨斗烫一下衬衫、针织衫的领子或是肩部，真的只要稍稍的一两下，立刻就能熨烫出笔挺的感觉。

我觉得熨烫衣物这个工作，也是一项重要的家务。如果养成每两天烫一次衣服的习惯，每次烫衣服也就花上15分钟左右的时间。但是如果你1个星期都不烫衣服，把它们都攒在一起熨烫，那么烫一次衣服得花上1~2个小时，我想哪怕再喜欢做家务的人，也会提不起劲，最终变得厌烦起来。熨烫衣服这件事本身就是为了每天穿衣服时可以有一个好心情，那么我们在做这项家务的时候，是不是也应该保持一个好心情才对呢！

重量可靠的"DBK"熨斗,是在造型师好友推荐下买的。

每年更换一次毛巾。藏青色的Hippopotamus毛巾是先生和孩子点名要的。

Freddy Leck的晒衣夹,折叠的时候夹子也不容易互相牵扯。

家里有多功能提筐，生活方便了很多

> 好生活是整理出来的，只要找到方法，舒心的生活，谁都可以拥有。

在作为料理家工作前，我工作的主要内容是根据客人的要求提供餐饮服务。搬运很多的食材、便当什么的是我日常的工作内容。那个时候，我经常使用一个大大的提筐，可以装进行李一下子搬走。有了孩子以后，这个提筐在生活中，也特别能派上用场。

比如在我们家，有时我晚上必须外出工作，只能把孩子送到我先生的父母家，拜托他们照看孩子。这时，孩子的替换衣服、玩具什么的都可以扔进这个提筐，回来时再把提筐照原样提回来就行了。再比如，我们去外面烧烤或是露营的时候，除了必要的食材以外，调味料、工具、休闲垫之类的也都可以一起装进提筐，没有必要再一样一样地分装到不同的包里，这样大大缩短了整理的时间。好生活是整理出来的，只要找到方法，舒心的生活，谁都可以拥有。

这个编织收纳篮,是我5年前在东京都内的精品店里找到的。容量超大,所以去摄影棚拍照、开车外出露营或是旅游的时候都会用它。

第二章

▽

充满趣味与平和的生活

和家人朋友一起分享食物,会让人更快乐
自己动手做礼物
和孩子一起招待客人
去喜爱的花店每周买一次花

和家人朋友分享食物，会让人更快乐

> 我更喜欢在日常生活中，送一些小小的、简单的"微薄的礼物"，而且收到礼物的人也无需在意是否还要回赠。

再好的生活，再妙的食物，如果不能和家人朋友一起分享，都会索然无味。我很喜欢分享这个词。每逢生日、结婚、新生儿出生这些喜事，我们都喜欢馈赠一些礼物。不过相较于此我更喜欢在日常生活中，送一些小小的、简单的"微薄的礼物"，而且收到礼物的人也无需在意是否还要回赠。

我除了平时做饭或是因工作需要烹饪以外，还会有一些季节性的工作或是购进烹饪材料后做的一些准备工作，所以免不了常在厨房摸摸这动动那。每当想到"这样说来下周会和××先生见面"，"三天后还有工作的碰头会"的时候，我就会购入比实际需要量稍多一些的食材。有时会用当季的水果做成果酱、酸果酱、果子露，以及柚子胡椒、海苔拌紫菜等调味料。有时做一些简单的小菜或是格兰诺拉麦片（把燕麦片和坚果、蜜糖、植物油混合后稍作烘烤后的一种食品），与大家分享。分赠的量尽量不要过多，如果是果酱，就用小瓶装；如果是即食麦片的话一两次可以吃完的量即可。总之，即使不合口味，也不会让对方产生负担的量最为适宜。包装也没有特别的讲究，有时就用保鲜膜、空瓶，或是OPP袋，直接明了，最后再用遮面胶带或是麻绳、阳台上种的草本小枝条等做一个小小的装饰，感觉既轻松又随意。

甚至到了圣诞节，我都会拿加了肉桂、豆蔻等香料的苹果酱送人（加入红茶或是热葡萄酒可以温润身体）；夏季到来我就会送一些用红紫苏榨的汁，预防苦夏。加入表达季节问候的元素，让人愉悦。

这样的分赠虽然微不足道，但是我觉得它能缩短人和人之间的距离，起到润滑剂般的作用。实际上对于我而言，分赠他人，与别人分享何尝不是一件乐事呢！与赠送一件礼物相比，我更看重的是相互之间心意的互赠与传递。

柠檬豆腐

材料（易操作的分量）：柠檬2个　黄油120g　甜菜糖（细砂糖）200g　鸡蛋2个

① 柠檬用粗盐好好搓净，用水清洗。把皮薄薄地削去（白色的部分最好去除干净，否则会有苦味），切碎。剩余的去籽做成果汁。

② 在锅里把柠檬的皮、黄油、甜菜糖搅打成糊状，加入打散过筛的鸡蛋，充分搅匀。

③ 加入柠檬汁，用木勺搅拌，小火加热。黄油和甜菜糖化了以后再用木勺好好搅匀直到呈粘稠状，大约煮20分钟。

※ 冰箱中可保存大约1周。

格兰诺拉麦片

材料（易操作分量）：A（燕麦片300g 杏仁片120g 南瓜子80g 葡萄干100g） 甜菜糖（也可以用细砂糖、三温糖）3大勺 蜂蜜4大勺 菜籽油（也可以用葡萄籽油、色拉油）2大勺

① 碗里放入A，稍加搅拌。加入甜菜糖后再轻轻地拌匀，再加入蜂蜜、菜籽油，用叉子将全体搅匀打碎。

② 在烤箱的顶部铺上烘烤用箔膜，把①平铺开，在烘箱里用150度的温度烘烤15分钟，取出，用匙上下翻面，再烘烤15分钟。

③ 从烤箱中取出，自然冷却，放入瓶中保存。

※ 如果密封容器中放有干燥剂，常温下可以保存1个月。

这种燕麦使用的是最近大家都在议论的椰子油,味道很是不错。柠檬酱是用寄来的国产无农药柠檬,和果子酒一起酿成的。

赠送他人礼品是生活中的小乐趣

赠送礼品也是生活中的小乐趣，赠与者手留余香，受赠者心生欢喜。

赠送礼品也是生活中的小乐趣，赠与者手留余香，受赠者心生欢喜。最近几年，配合孩子的假期，我们家一年有1~2次的外出旅行。在旅行中我时常会挑选一些不那么隆重的旅行小礼品。金额也不大，如若送给对方，彼此都有一种轻松的感觉。比如在国外的超市或是药妆店无意中找到的，而在日本却很少见的东西。也没有什么炫耀的意思，只是传递着旅行中的一种乐趣而已。

旅行途中为了了解当地的风土人情，我会去一些当地的本土商店，在那里寻找一些小礼品，这个过程就像寻宝一样充满乐趣。比如有些品牌已经在日本销售或是设有分店铺，可是有些产品未必在日本有售。如果你把这些产品作为小礼品送给对方，从而成为一个热议的话题。由于美国的有机食品比较先进，所以我也时常去发掘一些有益健康、俏皮的有机食品或是化妆品作为小礼品送给亲朋好友。

有一年从夏威夷带来的特产。小包的榛子黄油、润唇膏、口香糖等。适合做早餐的混合速成面包和杯装燕麦。

旅行提早筹划，就会舒心很多

美好的生活，不外乎舒心的工作，健康的饮食，定期外出旅行。

美好的生活，不外乎舒心的工作，健康的饮食，定期外出旅行。我们家最近这几年都是把假期攒在一块儿，趁着孩子的寒暑假，一年两次外出旅行。由于我多是在家工作，平时对孩子也疏于照顾，所以我们就希望用一个没有外人打扰的舒适假期，作为对孩子的补偿。同时对我们夫妇而言，也想利用假期来消除这半年工作的劳累，养精蓄锐。

这样的旅行，我们一般都会提前半年就开始着手筹划。夏天的旅行回来后，就开始着手计划冬天的旅行，冬天的旅行结束后就筹划夏季的旅行，预定机票。大家可能会奇怪"啊！这么早就开始准备吗？"。不过我要告诉大家：筹划旅行，早做打算的好处还真不少呢！

首先，提前安排早早买到的机票肯定要比临近出发前买的机票要便宜许多，而且工作上的日程安排也可以相应提前做好调整。

如果只提前一两个月才突然计划想要"去哪儿旅行",那既预定不到便宜的机票,也预约不到好的住宿,而且还很难避免休假前赶着完成大量的工作。但是如果有了充裕的时间,我们就可通过书、互联网查找资料做好攻略;花时间做些功课,对即将要去的目的地多些了解;还可以从熟悉当地情况的朋友或是刚从那里回来的朋友处了解到具体的信息。

旅行的时候,我会带一本旅行笔记,记录我在这半年的准备期间,记下所有要前往的目的地地址。到了当地,我会把遇到的奇闻异事都记录下来保存在我的旅行日志中,作为我下一次旅行的参考。制作一本高大上的旅行日志可能会让我望而却步,不过一本迷你书那样的旅行记录,对我而言还是挺轻松的。

关于旅行我还有一件有趣的事和大家分享:那就是我们用"500日元硬币储蓄"建立了一个旅行专项基金。我平时会把购物后钱包里的500日元硬币都存起来,在旅行中我们就用这笔钱充当"奢侈费",让我们可以花得"无所顾忌"。比如去一间高档的餐厅美餐一顿,或是参加一项向往已久的娱乐活动。这还真为旅行增添了不少活力和趣味!

我喜欢做家务手忙脑闲，自在无碍的状态

在做这种单纯的体力劳动时，我喜欢把头脑放空，达到一个心无杂念的境界。

对生活多一分用心，就会多一分美好。三连休恰又遇上孩子外出不在家，如果突然有了一段这样的空闲时间；或是忙完了一个大项目工作告一段落的日子里，觉得"今天有一些宽裕的时间"，这个时候我就会去打理一下我的餐柜或是把我的沙发擦得锃亮。这类的家务不可能每天都做，要做也就是 2~3 个月一次。可是一旦做了，你就会发现"哎！这里怎么也积了不少灰啊"！。待到清理过后发现，整个房间连空气也顿时变得清新了许多，真是太不可思议了。

因为我的餐柜，使用的材料是无漆胡桃木，需要适度的油脂，所以我一般会用软布在餐柜表面涂上薄薄的一层蜡，然后一点一点地匀开，这样从头到尾大概需要 30~40 分钟。皮质沙发也是如此，涂上保养用的乳膏，前后大概需要 15 分钟。因为两者都需要慢慢吹干，所以我一般都是趁天气好的时候做护理保养。在

洒满阳光的客厅里，看着家具们变得如此雅致而有光泽，那是多么美妙的一件事啊！

在做这种单纯的体力劳动时，我喜欢把头脑放空，达到一个心无杂念的境界。每天烹饪、做家务或是在做其他工作的同时，都要考虑着下一个步骤的安排，头脑常常是满负荷的运转着，几乎没有什么时间可以这样放空自己。其实在实际日常生活中，是很少有这样好的机会可以让自己做到心无杂念的。

一旦有一种任务感的时候我做事就会提不起劲来，而类似这样的简单作业对我而言倒是可以起到振作精神的作用。结束后，一边远远地望着焕然一新的家具，一边喝着一杯好茶，就算没有特意去远方，没有借助他人之手，也能转换心情，让心绪变得那么清爽而又快乐。

用作旅行基金的 500 日元硬币储蓄。自从有意识地开始存起钱来，渐渐地也能感到其中的乐趣，半年就能存上半瓶。偶尔叫儿子去买东西，找回来的零钱也让他放入这个储蓄瓶。

Rollbahn A7 大小螺旋笔记本，用作旅行笔记本。放在包里也不会太重；有时可以把要去的地方写上地址，递给出租车司机也挺方便。橡筋绳也使得纸张不至于那么零乱。

皮质沙发的保养,使用的是与打理皮鞋相同的 Mowbray 精细油脂。

2个月1次打磨餐具器皿架。打磨后架子变得特别有光泽,感觉好像给木头输送了营养。

和孩子一起招待客人

和孩子一起招待朋友或亲人,大家轻松自在地聊天,漫漫地用餐,这便是真实生活的可爱。

　　人们的生活,有着例如温暖、氛围这样的东西,做几样小菜、煮一锅饭,和孩子一起招待朋友或亲人,大家轻松自在地聊天,漫漫地用餐,这便是真实生活的可爱。与孩子的小伙伴和他们的母亲见面时,总要顾忌周围的人,在意时间,孩子们也不可以伸展手脚玩个痛快,因为这些理由,与在外聚餐相比,我们更多选择家庭聚会。类似圣诞节、生日会这样的活动,我们都会轮流在各家举行。很多有小孩子的家庭,一定和我们的情况很相似吧!

　　每当这个时候,东道主家无需考虑做很多考究的料理。首先,我们会让孩子们先吃,把他们的肚子喂饱,大人也可以趁此机会吃些简单的小菜,然后把孩子们放出去让他们畅快地玩耍。这个时候大人们就可以安心聊着天,慢慢地用餐了。

　　我最近经常用"肉酱意大利面"来招待大家,老少皆宜,没有人不喜欢的。尽管是手工制作,不过对我来说也不是很难,关键是味道相当的美味。在聚会前我会事先做好各项准备，到时候只要把意大利面煮一下，一会儿的工夫，就能端上餐桌。我还会把孩子们吃的意面先一折二，然后再煮，这样孩子们吃起来更方便。另外我会备一些像菲迪里尼那样细的意面，有哪个孩子需要再添面的时候，只需煮上4~5分钟就行了，非常给力。除了意面以外，再配上一些简单的色拉、面包和类似橄榄酱那样可用来抹在面包上的酱料。这样的一顿"大餐"也就足够丰盛了。

至于甜品，那一定得是怀旧的宾治酒了。东京神田淡路町那家"近江屋洋果子店"的"水果宾治酒"是我的大爱，所以我会一次购买许多存在那儿（也可以事先做好准备）。大人们在葡萄酒里混入一些宾志酒，立刻就能变身为一杯很好喝的果酒，我在这里强烈推荐。

招待宾客的时候，最重要的是东道主家不要太过劳累。因为这样才能轻轻松松地有下一次、再下一次的邀约。

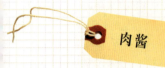

肉酱

材料（4~5人份）：肉糜400g　A（大蒜头1瓣　芹菜1根　洋葱2个　蘑菇6个）　整只番茄的罐头1个　红葡萄酒100ml　B（伍斯特沙司3大勺　番茄辣酱2大勺　盐1大勺　胡椒少许）　橄榄油1大勺

① 把A切末。

② 锅内倒入橄榄油，开中火，放入A（除蘑菇以外）翻炒。炒至呈透明色，加入肉糜、蘑菇，继续翻炒。

③ 炒透后加入番茄并将整只番茄捣碎，倒入红葡萄酒。一面炖煮一面去沫，小火煮30分钟。

④ 加入B搅匀，再煮20分钟左右，关火。

※ 在冰箱中可以冷藏4天，冷冻可保存1个月左右。

橄榄酱

材料（容易制作的分量）：黑橄榄1瓶（250g）　大蒜头2瓣　洋葱1/3个　A（橄榄油50ml　葡萄醋1大勺）

① 洋葱切末，过水沥干。橄榄，大蒜头切末。
② 将①的所有材料混在一起，用刀拍成泥酱。
③ 将②放入碗中，加入A，好好拌匀。
※ 在冰箱可冷藏1周。

水果宾治

材料（4~5人份）：葡萄柚1个　奇异果2个　葡萄（可以连皮一起）15颗　菠萝1/6个　布伦2个　柠檬汁2个份　细砂糖150g　水500ml

① 在锅里放入细砂糖，水开中火，待糖融化后，关火自然冷却。

② 葡萄柚剥去皮和里面的薄衣，去籽。奇异果去皮，切成7～8mm大小的块儿，葡萄都一切二，菠萝去皮后切7～8mm厚的块儿，布伦去籽切2cm大小块。

③ 在①里面加入②，再加柠檬汁搅匀，放入冰箱醒半天后可食用。

※ 在冰箱中可以冷藏3～4天。

餐桌的摆放,采用高脚的蛋糕托盘,给人以"不同于往常"的感觉,连孩子们都特别高兴。有绘画图案的餐巾纸,也是一种很好的点缀。

水果宾志酒色味鲜艳，让餐桌也变得色彩缤纷。剩余的可以倒入空瓶，作为伴手礼送给宾客。

为了便于区分，我们为孩子们准备了各种不同图案的杯子，以及不易弄碎的木质盘子。大人使用简洁的白瓷，少许精致的器皿也登场使用。

每周买一次鲜花

购买花草是我生活中的一大乐事,小幸福就是闲下来的时候有花可以赏。

布置好的房间,如果没有花花草草,就像一盘菜,没有放盐一样,了无生趣,因此,购买花草是我生活中的一大乐事,小幸福就是闲下来的时候有花可以赏。

要是有人说:"哦,这家店我很熟",听到这样的话,你是不是感觉很帅气呢(如果这家店是指酒吧或寿司店的话,那就更有范儿了)!如果要说在现实生活中也存在着这样的一家店的话,对我而言,那就是花店了。比如说哪家有了值得庆贺的喜事,我就会到这家花店,请他们帮我制作一个很有品味的花球。不仅如此,在这家花店一年四季我都可以遇见喜爱的花花草草。

以前在我家附近有一家名叫"Fleurs de chocolat"的花店。对我来说这家店真是值得信赖。与那些华丽大颗的花朵相比,我更喜欢自然朴实无华的花草和叶枝。这家店进的花草不但很有品味,而且还能给我带来一种相遇,这种相遇与我们女人心中特有的那个部分产生了共鸣。

现在我已不住在那里，可是我时常会带着期待的心情前往这家花店，期待"今天可以和怎样的花儿相遇呢"！去那儿已经成了我生活中一种无法用语言表达的奢侈享受。

自己动手做礼物

自己动手做礼物,那份专注,那份用心,能让我们获得无上的乐趣,从而保有一份对生活的热情。

非常遗憾,和烹饪相比,我的针线活可没有那么拿手。有了孩子后,有时要往体操服上缝号码布,有时要把衣服上开线的地方缝上。虽说取出裁缝箱的机会开始多了起来,不过常常还是感到有点力不从心。

就是这样的我,居然喜欢上了像纻缝那样"连续刺扎缝纫"的感觉。在我怀孕期间,因为有很多空闲时间,受友人的影响,接触到了津轻地区的小衣纻缝。从那以后,一旦有空闲的时间我就用纻缝来转换心情。跟护理保养家具一样,我喜欢放空自己的感觉。

为了庆贺好友孩子的出生,最近我在制作纻缝的围嘴。还用多余的亚麻布缝制了一个小香袋(把用薰衣草精油浸过的棉花塞进袋子,对孩子比较安全。我以前也做过,放在了孩子的婴儿车中)最后把围嘴和香袋合装在一起,做成了一个小小的礼品套装。

虽然这只是一份微薄的礼物，但它却寄托了我满满的由衷祝福。自己动手做礼物，那份专注，那份用心，能让我们获得无上的乐趣，从而保有一份对生活的热情。

调酒盒里放入裁缝用具,竹篮子里放入绗缝用的线和布。在手工店里买到的无图案围嘴。绣上这样的"麻叶图案",用三四个小时就能完成。

第三章

▽

让每天都充满简单的快乐

不写任务清单会轻松很多
用简单的方式，过舒心的生活
在做家务间隙，也能读书、听音乐
写信寄给亲爱的朋友

不写任务清单会轻松很多

最舒适的生活，应该是不会被繁琐事物所羁绊的简单生活。

最舒适的生活，应该是不会被繁琐事物所羁绊的简单生活。在这本书的前言中我就说过，我非常不善于在"不做就不行"的所谓义务感的"逼迫"下做事。我尽可能不写，因此也就没有什么"任务清单"之类的东西。早上醒来，快速地在脑海中整理一遍当天必须要完成的各个事项，身体自然而然地随之而动，这就是我最理想的状态。

因为在家工作的缘故，进出我家的人也比较多，所以我就定下了"每天都要清扫"的原则。从对着阳台的客厅，到厨房、和室、走廊，再到玄关、洗手间、厕所，全部清扫下来大概需要30~40分钟。因为这是每天的必修课，所以清扫的顺序都已储存在了我的脑子里。接着就是餐后的收拾、洗衣等这些每天一连串的常规家务，因此完全没有必要特意去做一张清单。烹饪、家务这些对我而言都是"乐事一桩"，所以在我的脑中它们早就有了固定的程序。

然而，不让那些"必须得做"的事情累积起来有一个秘诀，那就是"重要的事情不要拖到以后，尽可能当场处理解决"。最近我对此有深切的感受，并且切切实实地在照着执行。孩子学校的事情，很多都既琐碎又重要。比如："请在××日前准备好××""请交××。"如果收到类似的通知，当日就要把可以做的都完成。还有我们住的大楼，也时常会有一些重要的事，最好也是在当天就把这些事处理掉。非常规的家务（工具的保养或是简单的修缮等），一旦发现了就要立刻着手去做。按照我的经验，我知道麻烦的事情，越拖到后面，越懒得去处理。所以我会尽量在这些事发生的当下，就立刻着手把它们处理解决掉。

对于那些无论怎么都很容易忘记的与工作相关的事宜，诸如"给××先生打电话""给××出版社发送菜谱电子邮件""送交××文件"等。只有这些是需要写在留言贴纸上，贴在笔记本电脑上，完成后撕下丢进垃圾桶的。每当我把这些留言贴纸全都处理完毕，心情立刻就会变得清爽起来。

勤换单褥

生活中重要的不是我们拥有了什么，而是在繁忙的工作和生活中，还能有每天简单的微笑，熨烫的床单，友好的交谈。

睡得安稳，醒得舒服，这是健康生活的一个重要条件。我不是那种对床、枕头等寝具非常讲究的类型（孩子还小的时候，被子是每隔几年就要重买换新的消耗品，所以一家三人都使用无印良品的产品），唯一讲究的就是勤换单褥。钻进被子的时候，清爽的肌肤触感可以让你带着舒服安稳的心情进入睡眠。所以，夏季每天，其他季节每隔2~3天，我就要换一次单褥。以前我多使用棉质的，现在比较中意亚麻布的材质（耐用而且干得也快，便于洗涤），洗晒之后就可以铺上使用，触感也让人感到心宁气爽。特别是孩子，晚上睡觉多汗，我也会经常留意用被子烘干机烘干单褥。

现在我用着感觉还不错的就要数"枕雾"了（可以帮助你进入深度睡眠的枕头喷雾）。最近爱用的还有一家名为"日本香堂"的制香厂出品的一款叫作"安眠"的寝室用香水。对着枕头、床单轻轻地喷洒一些，散发出的清新舒爽的香味，可以让你身心放松。如果因外出旅行改换了睡觉的地方，而无法安稳入睡的话，带上它就能让你立刻进入梦乡。

我们家睡觉是睡在和室，榻榻米上铺上被褥，一家三口呈川字型而卧。随着孩子渐渐长大，这样的时光应该所剩不多了，也正是因为这个原因，它才更显得弥足珍贵。其实，生活中重要的不是我们拥有了什么，而是在繁忙的工作和生活中，还能有每天简单的微笑，熨烫的床单，友好的交谈。

在细碎的时间里锻炼身体

在上下班的路上,在细碎的时间里找到自由;在做家务的间隙,也能读书、听音乐、锻炼身体。

在上下班的路上,在细碎的时间里找到自由;在做家务的间隙,也能读书、听音乐、锻炼身体。我一天中大多的时间基本上都是在厨房站着,疲劳累积,时常会感到腰疼。虽然我一直以为这是"运动不足"所造成的,但是当时孩子还小,我根本没有时间去健身房锻炼身体。大约在两年以前,一位和我有着同样腰痛烦恼的女摄影师,她推荐给我一种她觉得挺不错的"MBT"拖鞋。

有一位瑞士工程师,他从非洲马赛族人的走路方式得到了启发,开发了这个品牌的拖鞋(MBT 是 Masai Barefoot Technology 的开头字母缩写,直译过来的意思就是马赛族人的赤脚行走技术)。非洲马赛族人,他们常年行走在凹凸不平的非洲大草原上,却很少出现关节炎、腰疼等不适症状。这位工程师从这一点得到了启发,把鞋底做成了不安定的结构,从而开发出一种可在日常生活中穿着,同时能矫正骨骼、均衡肌肉发育的训练拖鞋。用这样的拖鞋代替平时在家里穿的拖鞋，在不知不觉中就起到了锻炼的作用。

穿了这种拖鞋，最初有一种奇妙的轻飘飘的感觉，渐渐习惯了以后平衡感会越来越好，现在我感觉腹部以下的下半身都得到了很好的锻炼。自从穿上了这种拖鞋，慢慢地把我从腰疼的烦恼中解放出来，同时我还发现自己的姿态也比以前更优美了。哪怕是在烹饪或是做家务，只要穿上这双拖鞋就能起到锻炼的作用，真是一举两得啊！

这样不占用什么时间，感觉"外出购物走在路上就可以起到锻炼的作用"，"打扫房间、厨房也能锻炼到身体的各个部位"的方法，可以帮助我们轻松愉快地去解决那些原本看似很麻烦的问题。

早上起来,打开笔记本电脑检查e-mail的时候,将便签贴在电脑上。

垫布用的是白色亚麻布。晒了马上就干,这点很值得肯定。家里3人每人3套,常用的共计9套。喜欢和Anming的枕雾一起使用。

在做饭的时候,时常像这样用脚尖站立,脚腕一下子收紧,力气都自然而然地集中到丹田的周围。这样,身体里面的"气"一直都有很通畅的感觉。

写信寄给亲爱的朋友

如果心里想念着对方，亲手给对方写一封信，这样的时光也是让人难以忘怀的。

感谢信、季节问候这类信件，我觉得比那些华丽的辞藻更重要的是恰到好处的寄出时间。我有一个盒子里面收着一些信纸以及与之配套的一些小物件，以便可以让我随时轻松地提笔写信。寄给哪位收信人都不至太过失礼的，简洁大方的信纸和信封（最近爱上了"大因州制纸"的信纸和信封），没有强烈季节感的图绘明信片（本来应该选用适合不同季节的图案，不过备齐所有季节的话数量就非常可观了，也很难做到）、邮票、写得顺手的钢笔。这些物品都放在一块儿，一旦有了写信的冲动，写上收信人的姓名，贴上邮票，10 分钟左右就可完成。正因为这个原因，平时如果看到心仪的图绘明信片、纪念邮票，我常会把它们买来储备在那儿。

在以电子邮件为主流的时代，如果心里想念着对方，亲手给对方写一封信，这样的时光也是让人难以忘怀的。

政府发行的明信片。我常常让儿子帮我添上画。孩子画上活泼的图案后,我常会寄给照顾我的老师和亲朋。既可当作感谢信又可用来问候起居,看了让人欢喜。

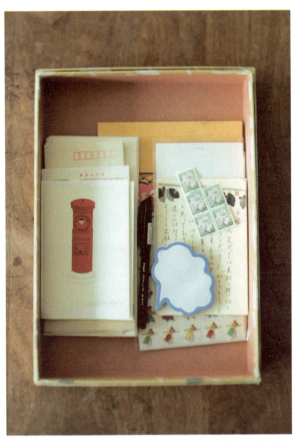

吹气状的便签是我在夏威夷的超市买到的。有些不太重要的事情,就可以用这个便签来替代。红色邮筒的这张,是 Philippe Weisbecker 作品的明信片。

在洗浴时，彻底放松自己

在浴缸中彻底放松、消除疲劳，就是不把疲劳带到第二天的秘诀。

有时到了晚上会感到"今天一天好疲劳啊！"。遇到这种情况我就会在浴缸里比平时多泡一会儿，然后早早地睡下，这就是我恢复疲劳的方法。即便是有堆成山的事情要做，我也会先去睡觉（有时和孩子一起晚上 8:30~9:00 就入睡），第二天比平时早起一些，完成剩余的工作，对我而言这样的做事效率更高。每次泡澡的时候加入一些浴盐是必须的。"今天会是哪一种香味呢？"挑选浴盐的过程也是一种乐趣。浴盐既可以促进新陈代谢，有助恢复疲劳，还有放松的效果，让我感觉最舒服的是肌肤有一种紧绷的感觉。

洗完头发，吹干头发之前，我会用自创的方法按摩头皮。先在手里滴一些发油，用指腹从颅骨开始，轻轻地揉搓头皮。在繁忙而过度用脑的日子里，用这种方法按摩可以让头脑清醒。总之在浴缸中彻底放松、消除疲劳，就是不把疲劳带到第二天的秘诀。

Neals Yard 的浴盐,它使用了巴塔哥尼亚湖盐,这种盐具有出色的发汗保湿的功效(左端)。在足底按摩店里发现的喜马拉雅岩盐(右端)。夏威夷特产薰衣草香物(左前)。一点一点买一些小瓶装的来用,也是一种乐趣。

按摩头皮的两款。右边是 AVEDA 免洗型的润发素,左边是在脸上、头发、身体上都可以使用 NUXE 的 Prodigieus Oil。这种油涂上以后不黏腻,感觉很清爽。被自己喜欢的香味包裹着,有一种缓缓地被治愈的感觉。

077

第四章

▽

我家厨房的美好日常

用心烹饪一日三餐
尽量使用当季的新鲜食材
适当减盐也很美味
不知道做什么的时候,看看基本菜单

厨房是家最美的地方

我的每日幸福生活,是从厨房开始的。除了在工作时需要烹饪料理以外,每天我也会为家人下厨。

    厨房是家最美的地方,我的每日幸福生活,是从厨房开始的。除了在工作时需要烹饪料理以外,每天我也会为家人下厨。我喜欢做菜,因此厨房也是我舒缓压力的好去处。尽管如此,有些时候也会冒出类似"今天什么都不想做""真想不出今天要做些什么"的念头。傍晚来临,想着"还在上小学的儿子马上就要放学回家,在这之前赶快为晚餐去采购些什么",如果在这当口再想到还有一大堆当天必须完成的工作,情急之下索性就懒得去做饭,类似这样的事情常有发生。

    这个时候,让我真正能依靠的,不是各种烹饪神器,也不是那些价格不菲的食材,恰恰就是那些看似不起眼的小东西。比如事先做好的汤汁,事先切好存放在冰箱里的晚餐备用蔬菜,或是对调味起着决定性作用的自制混合调料。

    虽然是一件一件细微的小事,可就是这些小妙招,却仿佛在你疲惫的时候轻轻地扶了一把,让你可以一直坚持到最后。能够跨出最初的一步,接着就会有第二步、第三步。如此这般,在轻松愉悦中,完成简单的一餐饭,让自己和家人的胃腹得到满足。就算是出现了这样那样的状况,最终还是觉得这是多么美好的一天。

因此就算是再不起眼的小妙招,我们也不可忽略它们。比如:把鱼、肉上了浆以后放入冰箱冷冻;把买来的蔬菜切好后焯水,然后调味保存;用酱料把肉上浆,200g 和 400g 所花的工夫几乎一样,所以做的时候把以后要用的量都一起备上,然后冷冻存放。这些小妙招就好比在厨房里,简简单单地给自己上了一道"小小的保险"。

烹饪料理是伴随你一生,而又没有终结的一件事。正因为这样,哪怕是一点点我们也应该尽量想办法把这件事做得轻松又有乐趣。

不知道做什么时，看看基本菜单

每天都能吃到美味的食物，就是最幸福的人生，即使不知道做什么的时候，也可以看看基本菜单，心里就有了底气。

每天都能吃到美味的食物，就是最幸福的人生，即使不知道做什么的时候，也可以看看基本菜单，心里就有了底气。前面写到了"小妙招"，在这里我想要写几个在现实生活中常用的实例。

1. "冷藏保存""冷冻保存"各一两样作为常备。把蔬菜先粗略切好，抹上盐和醋冷冻保存；或是把鲑鱼用橄榄油、柠檬、白葡萄酒和盐腌泡，然后冷冻保存。这些半成品，就是你稍做加工便可做成一道小菜的原材料。切好菜，调好味，这就是烹调前的准备工作的升级版。

2. 预先做好汤汁。

3. 制作下饭的家常菜。我详细地解释接下来的步骤。

比如在为早餐做准备的时候，顺手把晚餐要用的蔬菜也事先切好。这也是一个"小妙招"哦！一餐饭的准备不是一次就能完成的，我们要为下次、再下次的操作做些事先准备。

我们每天都要做饭，因此手头总会有些现成的食材。可有的时候脑袋还是会卡壳，想不出一个菜单来。每当我处在这种紧张状态时，平时制定的"菜谱原则"就可以帮我理清思路，让我可以迅速着手接下来的操作。

我们家有几个不成文的"原则"，那就是："主菜必须是肉和鱼相互轮换"；"每日必有一餐有菌菇和海藻"；均衡分配使用"煮、炒、蒸、烤"等不同烹调方法，这样既能获得不重样的口感和味道，也可以让我的菜单有了着落。在我茫然不知所措的时候，这些"原则"帮了我大忙。

在我找不到头绪的时候，如果有了这么一个能帮上忙的基本菜单，多多少少心里就有了底气。对于我来说，这个基本菜单上的菜就是用一个蒸笼或一个汤锅就能做成的简单料理。只需把材料切配好，接下来的步骤就交给汤锅和蒸笼来完成。我并不认为这样做出的小菜是偷工减料的产物，因为它们是充分发挥了烹饪器具各自的特长，而获得的"合理的料理"。

工作忙翻天，就用速成汤汁料吧

不管再忙再累，愿你都能从精心准备的食物中，找到治愈自己的简单快乐。

最近，在空闲的时候我自创了"速成汤汁料"。在市贩的茶袋中（为了让干制鲣鱼在煮的过程中可以在袋中翻滚，建议买大号的茶袋）放入一撮干制鲣鱼和一小块海带，然后包好，这大概是可做一次汤汁的量，把它放在密封容器中保存（保存期限大约是 2 个月）。

我一般会做好可以用 2 天的干制鲣鱼海带汤汁（约 1.5 升）或海带汤汁（把海带和水放入保存容器，放置一个晚上即可制成）放在冰箱里备用。不过一忙起来稀里糊涂忘了做汤汁，或是因为放置时间不够而无法做出够味的汤汁，类似这样的情形也时常发生。这时，就是"速成汤汁料"大显身手的时候了。把"速成汤汁料"和水一同放入锅中，煮沸后稍等一会儿后取出，做成的汤汁马上可以用来制作美味的味噌汤。另外，只需把"速成汤汁料"同水一块儿煮 5 分钟就可煮出炖煮料理用的汤汁。在用干制鲣鱼汤汁做炖煮料理（炖煮竹笋等非常有名）的过程中，干制鲣鱼的风味常常会挥发掉，这时加入"速成汤汁料"就可补足鲣鱼的风味，而且"速成汤汁料"的加入或取出都很方便，因此在这里强烈推荐。在做白煮鸡肉、白煮猪肉，或是那些只用水和调味料就可做出的炖煮料理时，这个汤汁料包都可以派上用场，而且做成的料理味道更浓郁美味。

当然，和正儿八经做出的汤汁相比，用"速成汤汁料"做成的汤汁，味道多少有些寡淡，不过比起那些用化学调味料制成的市贩速成汤汁颗粒，当然要味美许多，而且也比较安全，吃着让人放心。

我一般常用干制鲣鱼海带汤汁和海带汤汁（在日式料理中，基本用的都是第一道干制鲣鱼海带汤汁，有时也使用第二道汤汁或海带汤汁作为辅助。做蔬菜味噌汤、高汤、焯蔬菜时多用第一道汤汁；做汤、炖煮菜、菜饭时则多用第二道汤汁或海带汤汁）做菜或做饭。不过有时也会变变花样，用到海鲫汤汁、燕鳐鱼汤汁。海鲫就是煮熟焙干后较硬的小沙丁鱼。燕鳐鱼指的是烤后晒干的一种飞鱼。燕鳐鱼在九州非常普遍，到了关东地区不知道为什么竟然成了高档品。这两种鱼都可以和水一起放入冰箱，浸泡一个晚上就能制成汤汁，很是轻松。

大家都乐于使用海鲡汤汁做菜料理，是因为与干鲣鱼海带汤汁相比，它更富含钙质。对于正处于生长旺盛期的儿子来说，钙是必不可少的营养元素，因此，在这方面我也比较在意。另外，海鲡汤汁的味道比干制鲣鱼海带汤汁更具有冲击力，所以用海鲡汤汁做味噌汤时，在汤里常常放一些不会被它盖过风头的其他食材，比如：牛蒡、绿叶等。由于海鲡汤汁时间放久了，会加重腥味，所以要适量购买，尽快用完。

每当我想要小小奢侈一回的时候，就会使用燕鳐鱼汤汁。在这里我推荐那些可以充分凸显燕鳐鱼汤汁美味的料理，比如冬瓜或是竹笋的炖煮料理，挂面或是乌冬面也是绝佳的选择。燕鳐鱼还有一个惊喜之处，就是它和肉菜是绝配，所以我建议可以尝试把燕鳐鱼、肉和蔬菜放在一起做炖煮料理。

汤汁的世界非常深奥。"哪里出产的海带最佳""木鱼花可以把不含血的鱼肉如何""水""温度""出味时间"等都很有讲究，要想做出考究的汤汁，是没有止境的。食材有普通的、高档的不胜枚举，当你开始要认真地做出选择的时候，定会让你眼花缭乱，无从下手。但是如果是烧制每天家里都要用到的汤汁，让我选择的话，我会尽量挑选新鲜的干制鲣鱼，和价格适中的海带（与其使用少量的高档海带，不如多用些价格亲民的海带），最后再配上自己喜欢的，容易操作的烧制方法就好了。

海鲫汤汁的腥味主要是来自它的内脏。在用水清洗前先要把头和内脏去掉。

自制的"速成汤汁料"。做得太多容易回潮,一次做四五个则恰到好处。

口味有高级质感的燕鳐鱼汤汁。在1升的水中,放入四五根燕鳐鱼,冰箱中放置一晚,就制成了。

用心调出的味道一般不会错

在忙碌的工作和生活中,每天都要拨出时间,亲手为家人烹饪美食。

　　在忙碌的工作和生活中,每天都要拨出时间,亲手为家人烹饪美食。一般做饭的时候,我都会做一道带有酸味的爽口小菜。有这样一道小菜,清淡的口味会让你胃口大开。这道小菜的调味要点就是"油分∶酸味∶盐味",大致的调味比例为3∶2∶1,这也是我用的"黄金比例"。如果油是1大勺的话,酸味就是2小勺,盐分就是1小勺。最先让我想到应用这个比例的就是腌菜类,除此之外其他的料理也可用此比例试试。

　　比如用开水烫过的绿叶菜、菌菇,加入芝麻油3大勺,白葡萄酒醋2小勺,盐1小勺,稍拌一下腌泡。鸡肉和番茄、葛根叶煮汤,加入橄榄油3大勺,柠檬2小勺,盐1小勺。蛤仔和足量的嫩姜加入芝麻油3大勺,鱼酱1小勺撒上酒蒸,出锅前再加入足量的酸橘2小勺。香菇炒芦笋,加入麻油3大勺,黑醋2小勺,酱油1小勺,调味后也很美味。这里的油分可以是:菜籽油、芝麻油、白芝麻油、橄榄油、葡萄籽油等。最近，我也常用富含奥米伽3不饱和脂肪酸的亚麻籽油、鳄梨油。我个人的感觉是，它们都能起到和汤汁同样的提醇和提鲜的作用。

"酸味"一般是指米醋、苹果醋、黑醋、葡萄醋、白葡萄酒醋的醋类，以及柠檬汁、酸橘和榨柚子汁等柑橘类的果汁。它们都有让你口齿清爽，增进食欲的效果。一旦有了这些具有冲击力的酸味，我们即使没加入更多的盐分，也可以获得满意的口味。

"盐味"则是指添加了盐分的调味料，而不只局限于盐。味噌酱、酱油、盐麹、鱼酱等，或者用盐腌的鳀鱼和豆豉也都是可以的。我常备的混合调味料"八方汤汁"（酱油500ml，海带5cm x 10cm，2块，木鱼花50g，干香菇3~4个，甜料酒（味醂）50ml，酒100ml，放入锅中放置一个晚上，再用小火煮开后关火，让它自然冷却。最后用筛子过滤，倒入瓶中保存，在阴冷处可以存放1~2个月）也包括其中，它能起到最后调味、收味的作用。

这里的3:2:1，完全是一个大致的比例，需要根据不同的季节（出汗较多的夏季，或是倦怠的冬季，盐分就要多一些；相反可以细细品出食材原汁原味的春季盐分就少一些）、身体状况（身体状态不佳时，留意口味一定要非常清淡）、家庭成员的构成（有孩子和老人的家庭要注意控制盐分的摄入）做一些调整。只是，头脑中有了这个比例，就不会在平衡调味比例的时候无从下手。

另外，有了这个比例，即便用同样的食材，也能变化出完全不同的料理。比如，把切成大块的卷心菜蒸熟后，我们一般加入"麻油＋柠檬＋酱油"调味。如果换成"橄榄油＋白葡萄酒西洋醋＋盐"，那么一下子就变成了另一种味道。调味料的不同组合搭配，不只是可以调出不同的味道，而且在头脑中有了这么一个调味方程式，定下最基本的调味后，"再加一些裙带菜"或"撒上一些芝麻"，或"加入一些紫苏、蘘荷等调香料"，就可以轻松地变换出不同的应用。

用这个调味比例做出的小菜，虽然称不上是"××风""××料理"，可是这样的调味比例不就是家庭料理最需要的"决定调味平衡"的方程式吗？

除了这些，比如：炖煮蔬菜、煮鱼时"酱油＋酒＋味醂"的分配比例为1∶1∶1；味噌汤中"汤汁＋味噌酱"的分配比例是汤汁300ml，味噌酱1大勺等，我们可以想出各种不同的调味方程式。在家做饭，很多人都是大概目测分量（我觉得这样也挺好的，因为这就是家庭料理的味道)。即便这样,我觉得一旦头脑中有了一个数字化的概念,既能迅速确定最适合的调味,又能很好地体现出"我家味道"的独特。一家人围坐桌边,便是真实生活中的可爱风景。

适当减盐也能很美味

每天的饮食,没有必要那么奢侈,尽量有意识地去选用新鲜食材、时令食材,这样自然而然地就做到了减盐。

每天都能吃到美味健康的食物,就是最幸福的人生!在工作中,有时也会被问到类似"怎么做才能减少盐分的摄入"这样的问题。过多地摄入盐分,容易让人感到口干舌燥,身体也容易产生浮肿,最终会引发多种疾病。

厚生劳动省推荐的日本人食盐摄取量目标值:成年男性每日 8g 以下,女性 7g 以下(2015 年)。这样的摄取量如果放在电子称上称,也许大多数人都会惊叹"哎!这么少就够了吗"?我们一旦开始注意日常饮食的盐分摄入量,就会发现我们的摄取量是非常惊人的。当然,盐在我们的生命中是不可欠缺的重要原材料(天然盐富含有益身体的矿物质),但是过多摄取就不可取了。要做到每天都注意盐分的摄入量确实很难,不过连续在外用餐的第二天或是周末,注意一下盐分的摄入量,对自己的健康管理也是非常有益的。

比较咸的调味，因为有着较强的冲击效果，入口的瞬间会感觉非常美味，但是持续这样的重口味，舌尖会变得麻木，会产生味错觉，从而无法辨别出品尝的到底是食材本身的美味，还是错把调味料当作是一种"美味"。

有时在制作料理的过程中会深切感受到，清淡的料理事后可以加重口味，可是浓重的口味再想变回清淡是不可能的。比如，偏咸的炖煮料理或是汤，加了水之后，就回不到原来的味道。而先把味道做得清淡一些，如果有需要，只要加入自己所需的盐分就可以了。大家不要忘记，加入调味料是为了更好地衬托出食材本身的美味。

味淡清寡的料理，确实无法激发起人们的食欲。解决方法就是要让"酸味"、"鲜味"、"香辛味"都来发挥作用。

前面已经写过，酸味不但口感清爽，还可以起到中和咸味的作用。所加的酸味可以是米醋和黑醋的混合醋，也可以是柠檬汁和柚子汁的混合汁，两种酸味混合后，往往可以得到让人满足而又有回味的口感。

鲜味一般来自汤汁，或是食材原有的鲜味。比如面拖竹夹鱼，上浆之前，鱼身撒上盐，这样既可以吊出竹夹鱼本身的鲜味，油炸后哪怕不用沙司或是酱油，也能吃出鱼肉本身的鲜美。

香辛调味料除了生姜、蒜、胡葱、鸭儿芹、绿紫苏、襄荷（野姜）、香芹等带香味的蔬菜以外，芝麻、胡桃、花生等种子类，以及辣椒、黄芥末、胡椒、花椒等香辛料也包括其中。用了这些材料以后，既增添了香味，又起到了增进食欲的作用，提升美味的同时还增添了药膳的作用（如果食材属凉性，加入温性的香辛佐料，让身体内回荡着香溢的气息）。

比如 96 页的"白身鱼刺身配柑橘"：两种柑橘，加少许盐，即可。这种吃法比原来蘸酱油的吃法，盐量一下子就减少了。

在调理方法中有一种叫作"拌"。在碗中放入食材，加入调好的调味料混合拌匀，这种做法比蘸调料和在食材上撒调料，更容易控制盐分。96 页的"香拌茄子"就是将所有的材料切好，再加上足够多的香辛调味，用腌泡汁腌泡。在这里，食材上哪怕不撒上调料，味道清淡一些，也能让人十分满意。

就像上面介绍的那样，要说减盐最有效的方法当然就是挑选、使用好的食材。味浓的蔬菜，新鲜的鱼肉，只要稍加调味，就能得到让人心满意足的美味。每天的饮食，没有必要那么奢侈，尽量有意识地去选用新鲜食材、时令食材，这样自然而然地就做到了减盐。

香拌茄子

材料（2人份）：茄子4根　绿紫苏8片　小葱4根　生姜1片　A（酱油1 1/2小勺　黑醋1 1/2大勺）　白芝麻1大勺　芝麻油2小勺

① 用竹签在茄子的表面戳孔，然后放在网上或是烤架上烤，直至茄子表皮起焦。趁热将茄子放入冷水中，剥去茄皮，再放在厨房纸上擦去水分。

② 将①切成3cm大小的块，放入生姜泥和A拌匀。

③ 将②装盘，撒上切碎的绿紫苏和切成4～5cm长短的小葱、白芝麻，最后淋上麻油。

※ 白菜、卷心菜、胡萝卜、莲藕等喜好的蔬菜，都可以用此做法或蒸或烤。香辛调料推荐使用鸭儿芹、香菜等。

白身鱼刺身配柑橘

材料（2人份）：白身鱼（鲷鱼、鲈鱼、比目鱼等）200克　柑橘类汁（瓯橘、柠檬、台湾香檬等，你喜欢的1~3种）适量　盐1小勺　白葡萄酒（经加热的）1大勺　橄榄油1大勺

① 鱼肉浇上加热后的白葡萄酒，稍放一会儿，轻轻拭去水分，尽可能薄地切成5～6mm宽幅的薄片，摆盘。

② 柑橘类的水果，一半切薄片，一半用来挤汁浇在①上。

③ 撒上盐，淋上橄榄油，摆上切成薄片的柑橘类水果。

※ 白身鱼也可以用青鱼、贝类（扇贝、北寄贝、赤贝等）来代替。白葡萄酒可以使鱼肉提味增鲜，即使加少许盐，也相当美味。如果用芝麻油的话，搭配加热过的日本酒更佳。

伴随美食一起摄取铁和钙

爱上做饭，爱上美好的生活，也能把生活的味道传递给家人、朋友。

有一年，做常规体检的时候，医生告诉过我"铁分摄入不足易产生疲倦"。有时，当我感到"最近很容易疲劳"的时候，我注意到仿佛铁的摄入量确实有些不足。可是我又不喜欢常用补充剂，于是渐渐每天通过饮食，有意识尽可能多地摄入铁分。

富含铁分的食材，有蛤仔、油豆腐、小松菜、台湾黄麻等绿色蔬菜，还有香芹、羊栖菜、青紫菜、豆类等。粗粮有苋的种子和燕麦片，水果干有葡萄干和梅脯，都非常有名。猪肝是补铁的代名词，可是我们家因为先生和孩子都不爱吃，所以非常可惜，猪肝总不能出现在我家的餐桌上。这样我只好尽量在其他的食材上想办法，下功夫了。

另外，还有一个小细节就是用盛冈的铸物店"釜定"出品的铁壶来烧水。铁壶含有铁分，不仅水中可溶出易于人体吸收的电离状态的铁，而且可带给你一种温润的口感。

不添加砂糖的布伦果酱。最近的早餐，喜欢把它和北海道的"町村农场"奶油芝士一起涂在面包圈上。

材料（容易制作的量）：西梅脯（无核）300克 矿泉水300毫升

① 把西梅脯和水一同放入锅中，开中火，煮开，这样可以去除一些涩味，然后用小火煮8分钟。

② 热度褪去一些以后放入搅拌器或食品加工器搅拌，直到溜滑。

※ 可以在冰箱中保存2个星期左右。

右边的是"芝麻煮羊栖菜",左边是富含钙质的虾干鱼粉。在研钵里和榛子、鲣鱼干一起研磨即可。最里面的是"釜定"铁壶。

芝麻煮羊栖菜

材料(容易制作的量):羊栖菜(干燥)50克 A(鲣鱼海带汤汁200毫升 酒1大勺 甜料酒/味醂2大勺)酱油2大勺 白芝麻4大勺

① 用足量的水浸泡10分钟左右,把干羊栖菜泡开。

② 把撇掉水分的①放入锅中,加入A,开中火,煮开,再加入酱油,水分收去一些后,改用小火煮。

③ 将白芝麻放入②搅拌。

※ 可在冰箱保存5天左右。

稍加注意我们就会发现，和铁相同，我们钙的摄入量通常也不足。缺钙不但会给儿童的生长带来障碍，而且也是造成人见人怕的女性骨质疏松的原因。肩酸、腰疼、烦躁、易怒，这些都和缺钙不无关系。

含钙丰富的食材有：奶酪、小沙丁鱼干、杂鱼、小松菜、台湾黄麻、虾干、羊栖菜、油豆腐、油炸豆腐，这些食材同时也含有丰富的铁。先前介绍过的海鰤汤汁，也可作为预防缺钙的好对策。

用好的心情，好好享受大地的赐食和每日的生活。我们意识到是否很好地摄取铁和钙，可以给我们的后半生带来不小的变化。虽然这样说好像有些夸张，可是我希望利用每天的饮食，自然而然地，伴随着美食一起摄取铁和钙。

用五谷杂粮做出惊人美味

用五谷杂粮烹饪的美味,传达出主人对生活深深的热爱。

最近,我重新发现了五谷杂粮的真正实力,它们含有丰富的维生素、矿物质、食物纤维。有富含铁的苋种子和小米,富含多酚的高粱、黑米、红米,以及有美肤效果和利尿作用的薏米等。杂粮富含各种有益于身体的营养元素。斯佩尔特小麦(一种古代小麦)含有抗衰老效果的烟酸和丰富的氨基酸,软糯的口感也很吸引人。

不过,经常有人问我,杂粮除了和米饭一起混合食用以外,还有什么其他好的食用方法。我推荐在色拉和汤里加入杂粮。煮汤的时候,把杂粮和蔬菜、肉等材料一起放进去煮。做色拉的时候,把杂粮稍微煮一下,和蔬菜一起混合拌匀。与白米差不多杂粮也很容易煮熟,一般都只要煮十多分钟即可。

而且,不只限于单独使用一种杂粮,将 2~3 种杂粮混合在一起食用也不错。在超市经常可以看到有类似"十谷杂粮"这样的拼装杂粮在卖。这些杂粮同类，味道基本上不会打架。几种不同的杂粮混合后，也增添了口感的层次，口味也更深厚。而且因为这些杂粮本身的味道，谁的风头都不会盖过谁，所以不同的杂粮可以组合在一起，相安无事，重点是一粒粒的颗粒口感也让味道变得更奇妙！

在使用杂粮的时候，有一点希望引起大家注意的就是：和大米一样，杂粮的新鲜度很重要。不新鲜的杂粮会有一种臭味，风味也大打折扣。我买的都是小包装杂粮，买回来后把它们放入密封玻璃容器中保存，我手头一般同时有 2~3 种杂粮，用完了以后再添上新鲜的。

此外，杂粮也是碳水化合物，也含有不少的卡路里。所以用杂粮做小菜的时候，要减少米饭或是面包的摄入量。相反，在那些感到"最近吃得太多了"的日子里，要果断地去掉米饭或是玄米饭，只吃些杂粮汤或是杂粮色拉，这样可以让肠胃感觉舒畅一些。

杂粮色拉

材料（2人份）：杂粮150克　西芹1/2根　黄瓜1/2根　紫洋葱1/2个　草茴香2根　柠檬汁2大勺　鱼酱1 1/2大勺　盐少许　粗黑芝麻少许

① 和杂粮汤同样的方法煮好杂粮过筛。

② 西芹切成5mm宽的圆块，黄瓜切小块，分别撒上盐，待出水后把水擦干。紫洋葱切成5mm厚的片，水中浸泡5分钟去涩味，再用吸水纸擦干水分。

③ ①，②加柠檬汁、鱼酱搅匀，最后放入切得较大的草茴香、橄榄油和胡椒。

富有颗粒口感的"杂粮色拉"，还可以加入牛油果和红甜椒。

右边是 Yitarii 杂粮汤用的混合豆子。左边是无农药栽培的斯佩尔特小麦。

"杂粮汤"可以有很好的饱腹感,因为颗粒都不大,一会儿就能煮烂,所以对我很有吸引力。

杂粮汤

材料（2人份）：杂粮（大麦、薏米、斯佩尔特小麦等2~3种）100克　意式培根80克　芜菁（大头菜）2个　洋葱1/2个　西芹1/2根　西兰花1/2颗　大蒜1瓣　橄榄油1大勺　A（白葡萄酒50毫升、水400毫升）　盐1 1/2小勺　粗黑芝麻少许

① 杂粮洗过之后放入锅中，加水，水要没过杂粮，开中火。去涩味煮开，用小火煮12~15分钟，过筛（杂粮的软硬各不相同，尝味的时候如果芯已经软了的话就可以了）。

② 意式培根切碎，芜菁、洋葱、西芹、西兰花切成1.5cm大小的块。

③ 锅中倒入橄榄油，放入切成薄片的大蒜，中火，直到炒出香味，加入意式培根、西芹、洋葱，一起翻炒，直到蔬菜都呈透明状。

④ 加入A和芜菁、西兰花，去涩味煮开，小火煮10分钟，最后用盐、胡椒调味。

一切美食必须好食材

好食材的背后,是对自然的敬意,一蔬一饭,皆是生活。

好食材的背后,是对自然的敬意,一蔬一饭,皆是生活。我每天的饮食,既不奢侈,也不拘泥于是否都是有机食材,而是一直强调选用当季时令食材。反而整天挂在嘴边,一直强调的话却是:"要选用当季时令的食材","要从可以信赖的生产厂家或商家那里购买食材"。从值得信赖的生产者手中购入食材,既是对他们的支持,也是因为从他们这些一心想要提供安全健康食品的生产者手中购买的食材,可以让人很纯粹地就联想到了美味。正是基于这些原因,我开始订购猪肉和虾这两种食材。

我订购的猪肉来自北海道的"登别浅野农场"。一次,在世田谷的一家饭店吃到了这种美味的猪肉,让我激动不已。问了主厨以后,他告诉了我猪肉的出处。巧合的是,离我祖母家开车40分钟路程的地方有他们的一家店铺,于是回乡探亲的时候我去了那里,了解到他们如何养猪的详细情况。他们给猪喂食当地的高香小麦，让它们在丰饶的大自然中茁壮成长，猪的粪尿使稻壳发酵，被当作农作物的堆肥使用。他们为了追求肉质的鲜美，对饲料和猪的生长环境都想尽了办法，我强烈感觉到这里是我可以信赖的地方。

这个农场每月会送一两次猪肉来。我大多订购那种包装200g一袋，可一次吃完的培根或是火腿等加工品。这些肉制品健康，不易变质，连肥肉都很是美味。

虾则是来自大阪的"巴布业新几内亚海产"。一般的虾，在捕捞上来以后，为了防止变质和变色，都会把虾浸泡在防氧化剂或是AR调整剂中。而这里的虾，捕捞上来以后，在船上就被急速冷冻，自始至终无药剂，无添加。这样不但腥臭味少，虾肉也很紧实而有弹性，连虾壳都可以拿来煮汤。有了如此安心的食材，比什么都让人高兴啊！

虾和香菜的粉丝温面

材料（2人份）：虾8尾 洋葱1/2个 香菜1/2把 粉丝（干）80克 酒2大勺 鱼酱1 1/2大勺 柠檬汁2大勺 柠檬切片2片 麻油适量 盐少許

① 在虾背上切一个切口，取出背上的筋。洋葱切成5mm厚的片，生姜不去皮切成5mm厚的姜片。粉丝放入温水中泡软。

② 在锅中放入洋葱、生姜、酒、水500ml，中火煮。煮开后放入虾，边去沫边煮。

③ 再一次煮开后放入粉丝、鱼酱，煮大约8分钟，关火，淋上柠檬汁、麻油，撒上盐。

④ 盛入碗中，放上香菜和柠檬片。

寄来的冷冻虾、猪肉类，可以在冷藏室里解冻。

用虾壳煮出鲜美的汤汁,做成"粉丝温面",和柠檬、香菜非常相配。

亲手制作拌饭小菜

热爱生活的人,从不拿工作作为不能料理三餐的理由,由此
损失掉日日可以重复的快乐,只是自己的损失。

热爱生活的人,从不拿工作作为不能料理三餐的理由,由此损失掉日日可以重复的快乐,只是自己的损失。我儿子小的时候,有些厌食。为了让他多吃饭,我想了各种办法。当然,用"鱼粉拌紫菜""甜烹紫菜酱""鲑鱼碎""肉松"等拌饭小菜,可以暂时增进他的食欲,但这种方法并不可取。包在饭团里的芯料和做便当的小菜,这些"拌饭香"都可以在超市里买到,为了能延长保质期,大多数加入的添加物足以让你大吃一惊。但实际上,这些都可以自己动手制作,而且非常简单。

比如"鱼粉拌紫菜",是把干的裙带菜和盐放入研钵,研碎即可。也可以把樱虾和盐一起研磨后加入炒香的芝麻,混合拌匀就成了。"鲑鱼碎"的制作方法是,先把咸鲑鱼放在锅里煎一下,用吸油纸吸去煎出的油,然后去皮、拆骨,再加入含酒的味噌翻炒,炒到呈颗粒状即告完成。制作甜烹紫菜酱,要拿10张烤过的紫菜,

撕碎放入小锅，加入梅干和酒、汤汁熬煮，直到水分收干。用回潮的紫菜做这样的甜烹紫菜酱也很是方便。

这样的"拌饭香"，不光是可以搭配米饭，还可以放在白灼蔬菜和煮豆腐、拌豆腐上。简简单单就可做出一道晚饭的下酒小菜，因此有空的时候，事先多做些备着，用时相当方便。

下面要介绍的常备菜，不只是搭配米饭，也可以应用于多种料理。可以在煮挂面里放一个"酱煮半熟鸡蛋"，也可以在野油菜色拉上放一个。"芝麻盐香肉碎粒"可以在炒饭或是炒根菜类蔬菜时，作为调味料使用。"辣椒酱油泡小松菜"则可以在凉拌豆腐上放一些，或是做饭团的芯料。大家不妨尝试一下，一定会觉得很有意思。

从上至下顺时针方向依次是:"辣酱油腌泡小松菜""酱油煮半熟鸡蛋""芝麻咸肉碎块"。放入"野田珐琅"的保存容器中保存。在冰箱里有了1~2样这些小菜,让人特别安心。

酱煮半熟鸡蛋

材料（易于制作的分量）：鸡蛋6个　A（海带5cm1张，酒1大勺，酱油120ml，甜料酒50ml，水80ml，醋1大勺）

① 鸡蛋在常温下放置一段时间。放入沸腾的开水中煮大约7分钟，水冷却，剥壳。

② 小锅里放入A，中火，煮开后改小火煮1分钟关火，趁热把①放入浸泡。

※ 冰箱中可保存4天。剩余的泡汁可以在炖煮其他料理时使用。

辣椒酱油泡小松菜

材料（易于制作的分量）：小松菜 1 把　红辣椒 1/2 根　A（酱油 70ml，黑醋 50ml，水 50ml，酒 1 大勺，甜料酒 1 大勺，盐 1/2 小勺）

① 小松菜的根部用水洗净，切成 1cm 的长短。红辣椒去籽，切成小块。
② 在小锅中放入 A，中火煮，煮开。
③ 把①放入保存容器，趁热将②倒入（腌泡 2 个小时即可使用）。
※ 在冰箱中可以保存一个星期左右。

芝麻盐香肉碎粒

材料（易于制作的分量）：猪里脊肉薄片 300g　生姜 2 片　炒黑芝麻 3 大勺　A（酒 2 大勺，盐 1 1/2 小勺）　芝麻油 2 小勺

① 猪肉切成 7～8cm 宽，生姜切末。
② 锅中倒入芝麻油，中火，放生姜，炒香后放入猪肉翻炒，直到出现焦黄色。
③ 加入 A，继续翻炒直到炒干所有水分。撒上芝麻，稍加混合搅匀。
※ 冰箱中可保存 3～4 天。

为家人做饭是一种无法言说的幸福

每天不是凭感觉,而是抱着追究"怎样才能做出好吃的味噌汤"的信念做菜,我们会发现这样才能越来越真切地感受到料理的深奥。

"对你而言,最难的料理是什么?"最近一想到这个问题,我就觉得实际上最不好做的难道不是味噌汤吗?汤汁、味噌酱、入汤食材虽然只是三者简单地搭配组合,但是当天汤汁的状况,和食材的平衡搭配等,要一如既往地做出美味的味噌汤,还真不是一件容易的事情。比如"豆腐裙带菜味噌汤",因为豆腐会出水,所以用同等分量的味噌酱和汤汁的话,味道就会来得清淡一些。"牛蒡味噌汤"的话,因为牛蒡在煮的过程中会析出涩味,味道就会感觉有点儿杂。因季节和身体状况的差异,有时也需要味噌的味道再少许重一些,反之也有。因为每天都在做,很多人都觉得按照惯例做就行了,不需要有什么变化。有时候停下手,认真地想去做"最好吃的味噌汤",实际上这真是一道可以锻炼人的料理。

在我们家，做3人份的味噌汤，要550~600ml的汤汁，味噌酱大约2大勺。为了使味道比较稳定，所以每次都要计量准确。味噌酱是味噌汤的生命，大前提是加入味噌酱后不要煮开。热腾腾的味噌汤才是最美味的，所以我都是在加入味噌酱后临沸腾前关火。汤料食材饱含汤汁的鲜味为最佳。比如在用萝卜、莲藕等根菜，或是口蘑等菌菇类食材做味噌汤时，要多煮些时间；相反，加入豆腐、裙带菜、油豆腐等食材的时候，时间则不宜过长。为了使汤料食材都可以均匀受热，食材最好切成差不多的大小。"有时想要喝与以往不同的味噌汤"，我推荐在味噌酱里加入磨碎的芝麻，味道醇厚，冬天喝，有温热身体的效果。加入牛蒡或莲藕等根菜的话，先用芝麻油炒一下，这样既可提香，也可以使食材的醇味得以更好地发挥。夏季暑天，用去皮的番茄和西芹做凉的味噌汤也很不错。因为番茄的鲜味成分中有丰富的谷氨酸，和味噌酱非常契合。

是不是觉得能做一手好吃的味噌汤，最终就能做一手好菜呢！每天不是凭感觉，而是抱着追究"怎样才能做出好吃的味噌汤"的信念做菜，我们会发现这样才能越来越真切地感受到料理的深奥。为家人做饭真的是一种无法言说的幸福。

右边是"南瓜和大叶味噌汤",左边是"蘘荷茄子芝麻味噌汤"。我家的味噌汤,汤里的材料通常都特别丰富多样。西芹、西葫芦这些西洋蔬菜也常常被拿来使用。

南瓜紫苏味噌汤

材料（2人份）：南瓜100克　绿紫苏6张　鲣鱼海带汤汁400ml　味噌酱2大勺

① 南瓜削皮，切成1.5cm大小的块。
② 在小锅中放入①和汤汁，中火，撇沫煮开。小火煮5～6分钟至南瓜煮软，放入味噌酱慢慢化开，在临沸腾前关火。
③ 味噌汤倒入碗中，放上切成丝的绿紫苏。

蘘荷茄子芝香味噌汤

材料（2人份）：茄子2根　蘘荷2个　鲣鱼海带汤汁400ml　味噌酱2大勺　磨碎的白芝麻2大勺

① 茄子切成1cm厚的圆块，蘘荷切成3cm厚的圆块，分别泡水去涩味。
② 小锅中放入汤汁和茄子，开中火，撇沫煮开。小火煮4～5分钟至茄子煮软，放入味噌酱慢慢化开，加入白芝麻，在临沸腾前关火。
③ 味噌汤倒入碗中，摆上沥干水分的蘘荷。

选购食材，也是生活中的一大乐趣

对于爱生活的人来说，经常为家人选购食材，是一种美好的享受。

    对于爱生活的人来说，经常为家人选购食材，是一种美好的享受。我以前住的地方附近有一家中意的鱼铺，店名叫"神田屋"。每天一早，从筑地鱼市场送来新鲜活鱼，价格还公道得令人惊讶。住在附近的主妇们、饭店的主厨们都会到这家鱼铺买鱼进货，鱼铺的生意一直很兴隆。

    在我还是小学低年级的时候，我们家就住在这家鱼铺的附近。妈妈每天都会去那里买一些做小菜的鱼鲜，爸爸休息日外出钓回的鱼，也拿去鱼铺，他们会帮着免费剔下鱼肉。不知不觉，我们家已经有两代人受这家鱼铺的照顾了。如今，我和父母都已经搬离那里。尽管如此，我在购买食材的时候还是会想到这家鱼铺，每个月大约2~3次会跑去那家店，物色各种新鲜美味的鱼贝。

    与一般的百货店和超市有所不同，在鱼铺里买鱼，店家可以教会你很多。从当天进货的鱼，哪一种最值得推荐，以及最合适

的料理方法,到最好的剔鱼方法,和鱼的时令。比如,大家都知道鲅鱼是很有名的春天鱼鲜,可有所不知的是冬季的鲅鱼脂肪其实更多,这个季节鲅鱼的鲜美也不输于春天;还比如一年四季都能捕到的鱿鱼,不同的时期,可以捕到的种类和产地都各不相同;还有鰤鱼、鲷鱼等,在腹侧和背侧的脂肪和肌肉都有所差异,所以口感也有所不同。类似这样的基本常识,从我刚开始去到那里的时候,他们就教我。这也成了我来这家店铺的一个小乐趣。再加上在那里可以买到新鲜美味的鱼鲜,让制作料理也变得有趣起来。在大家的意识中觉得做鱼料理很难的人还真不在少数,如果他们可以和这样好的鱼铺交上朋友,那又会如何呢?

不光是鱼铺,还有肉铺、蔬菜店、干货店等个人经营的商店,这中间一定有不少行家里手。每一次去店家的时候我都会打听鱼鲜的产地、保存方法、季节和料理烹饪方法,对这些了解得也越来越深。去超市购买固然很方便,但是如果有一个去处,可以让你产生"今天想要去那里看看"的冲动,应该也是生活中的一个大大的乐趣。

第五章

▽

让每日餐桌简单丰盛美好

把食材准备好,做饭才不会手忙脚乱
忙碌的日子,也能吃得美美的
用简单的方式,做出丰富的菜肴
让做饭成为一种享受

在忙碌的日子，也能吃得美美的

以温婉从容的态度，面对生活中的琐碎，学会如何分配自己的时间与精力，把平凡的日子过得诗意又美好。

　　以温婉从容的态度，面对生活中的琐碎，学会如何分配自己的时间与精力，把平凡的日子过得诗意又美好。早上，我习惯为晚餐事先做些准备。把鱼或肉上浆调味，蔬菜削皮、切细放入容器，或是做好汤汁。到了傍晚，多少总会感到有些疲惫，那么就应该利用早晨精神最好的时段，提前做一些准备。特别是预感到："今天工作会很忙，可能没精神做晚饭"，我大都会事先把材料都切好放入锅中，连锅放在冰箱做好准备，做到"只要点上火就行"的状态。这在我们家叫作"叠炖锅"。

　　这个锅的要领就在于，食材的加热方法不变，只需通过食材的不同组合搭配、不同的切法，来获得口味上的变化。比如春天的炖锅（P128），因为是与柔软的春季卷心菜一起蒸煮，煮熟所需时间相同，所以土豆就要切成薄片。还有夏天炖锅中的鸡肉，需要把有鸡皮的那一面朝下铺在炖锅的最下面，然后再依次叠加放入蔬菜，最后放上番茄。这样做的目的就是为了让最不容易煮熟的鸡肉加热时离火最近。番茄在煮熟的过程中，水分自然而然地渗透到锅的各个部分，因此可以用它来代替汤汁。

这些炖煮锅，利用的是食材自身含有的水分，和100ml的调味料里含有的水分（白葡萄酒或是日本酒之类的）来蒸煮。所以，使用容易炖煮出水分的食材（卷心菜、白菜、番茄这样的蔬菜，以及菌菇类）是重点。因为加热后，这些蔬菜都会缩瘪，所以炖煮之前装锅的时候要把蔬菜挤得满满的，我推荐在蔬菜摄入不足的日子食用这样的炖锅，是最合适不过的了。

肉或是鱼，撒上甜料酒或是料酒等调味料，不但有调味打底的作用，还有使肉质松软的效果，所以既缩短了制作的时间，又提升了美味度，可谓一石二鸟。请大家一定要去尝试一下"叠炖锅"。

春天的炖煮锅

材料（2~3人份）：卷心菜1/3个　洋葱1个　土豆2个　水芹2把　大蒜1瓣　肉肠4根　A（白葡萄酒50ml　橄榄油1大勺）　盐1 1/2小勺　胡椒少许

① 卷心菜切大块，洋葱切成7~8mm大小的薄片。土豆去皮，切成1.5cm大小的块，浸泡水中去涩。

② 把卷心菜、洋葱，和沥干了水的土豆放入锅中，再先后叠放上碾碎的大蒜、肉肠，浇上A，放入冰箱。

③ 把锅取出，盖上盖，开中火，煮开后改用小火，炖煮12分钟左右。撒上盐和胡椒调味，放上水芹，最后再开火煮一会儿即可。

春季的炖煮锅

卷心菜加热后会缩瘪,因而要多放。香肠也能出味提鲜。

夏天的炖煮锅

材料（2~3人份）：鸡腿肉300g 玉米1根 西葫芦2根（250g） 洋葱1个 番茄（大）1个 荷兰芹3房 大蒜1瓣 A（白葡萄酒50ml 白葡萄醋40ml 橄榄油2大勺） 盐1小勺 胡椒少许

① 把鸡腿肉切成易入口大小。用刀剥下玉米的颗粒。把荷兰芹切成1.5cm大小的块，切成洋葱和番茄六等份。

② 在锅里依次放入鸡腿肉、西葫芦、洋葱、玉米、番茄、蒜泥，浇上A，放入冰箱。

③ 把锅取出，盖上盖，开中火，煮开后改用小火，炖煮15分钟左右。加盐和胡椒调味，最后撒上切碎的水芹。

夏季的炖煮锅

番茄在煮的过程中会析出大量水分,所以不用加水,还可以根据自己的喜好添加夏天当季蔬菜。

秋天的炖煮锅

材料（2~3人份）：培根（块）300g 香菇4个 丛生口蘑200g 杏鲍菇3个 京葱1根 A（白葡萄酒50ml 橄榄油1大勺） 帕玛森干酪30g 盐1小勺 胡椒少许 柠檬片3~4片

① 培根切片，香菇也切成1cm厚的片。丛生口蘑去掉菌柄头用手撕开，杏鲍菇纵向切成3~4等份，京葱斜切薄片。

② 把培根、菌菇类、京葱按顺序放入锅中，浇上A，让入冰箱。

③ 把锅取出，盖上盖，开中火，煮开后改用小火，加柠檬片和盐，盖上盖。蒸煮12分钟左右。

④ 临吃前撒上削碎的帕玛森干酪、胡椒。

秋季的炖煮锅

用的都是容易煮烂的食材,所以很快就能完成。作为红酒的下酒菜也很合适。

冬天的炖锅

材料（2~3人份）：猪肋条肉薄片300g 白菜1/4个 京葱1根 芋头4个 生姜1片 酒50ml 酱油1大勺 盐1/3小勺 芝麻油1大勺 柚子皮（切丝）少许

① 猪肉卷成圆筒，白菜2~3等份竖切，京葱斜切薄片，生姜切丝。

② 芋头去皮，放入小锅，加水浸没芋头，中火煮8分钟左右。水冲洗，去除粘滑。

③ 把猪肉、白菜、芋头、京葱、生姜放入锅中，浇上酒，连锅放入冰箱。

④ 把锅取出，盖上盖，开中火，煮开后改用小火，加酱油，煮12分钟左右。最后加入盐、芝麻油、柚子皮调味。

冬季的炖锅

把猪肉卷起来炖煮更易于入口。芋头事先煮熟的话,接下来的炖煮就简单多了。

身体不舒服时，就煮一碗好喝的汤

爱生活，就要把厨房变成家中最温暖的地方。

我在身体不舒服的日子里，常会想要喝汤。有时把汤料食材切得比以往更细一些，有时煮成浓汤状。如果放入很多食材的话，反而会增添肠胃的负担，所以食材最好只放2~3种为佳。其中一定要加入胡萝卜，因为它既可调理肠胃，又能温热身体。另外还可以从京葱、土豆、番薯、胡萝卜、生姜中挑选几样搭配组合。我一直认为与其吃药，不如在家食疗，直到身体慢慢康复。

实在是起不了床的话，可以喝"十倍粥"。所谓"十倍粥"是因为煮粥时的加水量是米的十倍，由此而得名。用砂锅咕嘟咕嘟地熬煮"十倍粥"，直到粥里不见米粒，大约需要1个小时左右。身体不舒服的时候，不要用汤汁，加入梅干比较合适。其他还有苹果泥也不错。

发烧的时候，我建议拿蜂蜜柠檬冲水，加入一小撮盐，用以补充因出汗而流失的电解质，预防脱水。

把无农药的柠檬切成薄片,用蜂蜜浸泡做成的"蜂蜜柠檬",是秋冬季节冰箱中常备的一品。可以替代保健饮料,并且营养满分的甜酒,也可作为调味料使用,它也是冰箱里的"常客"。制作每天都要食用的梅干,是初夏的惯例。

吃新豆也算是生活中的小确幸吧

喝一杯冒着热气的暖茶，为家人上厨房选购食材，为家人烹饪爱的早餐，这些都是生活中的小确幸吧。

喝一杯冒着热气的暖茶，为家人上厨房选购食材，为家人烹饪爱的早餐，这些都是生活中的小确幸吧。每年秋季来临，"新米"季节到来。可是大家知道吗？实际上这也是"新豆"的季节。豆子的种类、产地不同，收获的时节也各有不同：早的八九月份左右（豌豆、赤豆等），晚的12月份（花豆、丹波黑豆等）。一般店家在出售的时候都会给"新豆"贴上醒目的标签。

因为刚收获不久，豆的水分（干燥的也是）充足，易煮熟是新豆的特点。比如平时要花1个小时煮熟的大豆等，新豆的话只要40分钟就可煮软，很省力。外皮也比陈豆要软，清新爽口的味道很吸引人。

充分干燥后煮熟的豆子，香味浓厚，新豆特有的清香别具一格，每年一到这个季节我就特别期待新豆。煮好的大豆，撒上一点盐，淋上橄榄油，或是蘸点芥末（可以凸显大豆的甘甜）；黄莺豆和花豆用甜菜糖稍微一煮。类似这样的做法，可以充分品尝到豆子本身的美味，虽然算不上是一道料理，可是对我而言也算是一种充满乐趣的美食。

顺便说一句，把豆子用密实袋装好后，放入冰箱冷冻保存。这种方法与我们通常在常温下保存相比，豆子更不易变质。在煮豆的时候，整袋解冻，不用的那部分，再拿回去冷冻保存。这是我以前去卖豆的店家采访时，他们教授了我这个可以吃到美味豆子的秘诀。最初，未经冷冻过的豆子，煮了以后可以拌在色拉里一起吃，冷冻过并解冻后的豆子建议放汤或是炒来吃，务必加热烹煮。

我发现用豆子烹制菜肴的妙处在于，豆子和其他闲置了一段时间的食材放在一起慢慢地熬煮，可以让这些食材重新焕发活力。而且"煮豆子"这件事本身，就给人一种治愈的感觉。人们常会觉得"用豆子烹制料理既花时间，又费工夫，还难登大雅之堂"，那么请你们先从新豆入手开始尝试一下吧！

煮大豆

材料（容易操作的分量）：大豆（新豆）200g　盐一撮

① 大豆用水稍微清洗一下，然后用多量的水浸泡一夜。

② 大豆沥干放入锅中，加水淹没大豆，加盐，开中火，煮开后改用小火，去沫，煮40～50分钟。

③ 掌握煮的火候，可以先尝一下，重点是豆粒稍微还有些硬的时候就得关火。倒去煮豆的汤水，豆子冷去以后倒入容器中，在冰箱中可以保存3天左右。如果还想保存更长时间，可以分成小份放入密实袋冷冻，可保存1个月左右。

看到贴着"新豆"标签的豆子在卖场一字排开，就有一种"今年新的一季又到来"的喜悦。

材料（易操作的分量）：黄莺豆（新豆）200g　甜菜糖120g　盐一撮

① 用水稍微清洗一下黄莺豆，然后用多量的水浸泡一夜。
② 把胀开的豆子沥干，放入锅中。加水淹没豆子，加入一半甜菜糖，开中火，煮开后改用小火，去沫，煮20分钟左右。途中如果豆子漂上水面，就需要加水，总之最好不要让豆子浮上水面。
③ 试吃一粒，豆芯如果还有一点点硬，就加入剩余的一半甜菜糖和盐。盖上比锅内径小一圈的小锅盖，继续再煮20分钟左右，直至豆子变得丰满而柔软。最后让它自然冷却。

※　冷却以后倒入保存容器，在冰箱中可以保存1个星期左右。

甜煮黄莺豆

一煮就熟的新豆，既可作为小吃，也可在便当里少许放一些，也是一种小确幸。

草本和香料带来的美好时光

做一个认真生活的人，每一天都用心过。

做一个认真生活的人，每一天都用心过。每当我想要做一道不同于往常的料理时，就会买来瓶装的草本或是香料，做上一两道。可拿手菜没见有什么精进，而当察觉时，那些草本和香料却已经躺在厨房的角落里快 3 年了，最终都难逃被扔掉的命运。类似这样的场景，过去出现过好几回。"用香料烹制料理好难啊！"有这样想法的人可真不在少数。

我们平时在做汉堡肉饼、荤肉料理的时候，很多人都会去买些肉豆蔻、丁香、多香果来用。一方面是因为有些人有这个喜好，另一方面也是因为这些香料非常适合荤肉料理。不过对日本人而言，想要做到运用自如，可能还是有一定难度的。由于我的工作性质决定了这些香料对我而言是不可或缺的。

如果有人问我"作为初学者，较为容易掌握的草本或是香料有哪些"，我会告诉他"香菜、孜然、普罗旺斯香草"。我觉得有了这3样就足够了。

香菜，也叫芫荽，是泰国菜和越南菜必用的香料。把它的果实干燥后，它的种子或是制成的粉末可以作为香料或健胃药出售。香菜富有清凉香溢的口感，和日本酒、甜料酒、酱油都比较契合，在做生姜烧肉时，酱汁中加入一些，或在面拖竹夹鱼、炸鸡的面衣里加入一些，可以获得不同于生姜的另一种风味的冲击。

孜然属于芹亚科一年生草本，是摩洛哥料理、土耳其料理、西班牙料理中的常客。用孜然熬油，熬出的油不但可以拌入白灼蔬菜或意大利风味冬季蔬菜料理中，还可以在白身鱼和花菜的腌泡料理中使用。我们常做的汉堡肉饼中只要加入孜然（在炒洋葱时加入），立刻就可变身为一道土耳其风味的料理。

普罗旺斯草本说的是在法国普罗旺斯地区，人们常用的混合草，里面有罗勒、茴香、百里香等。番茄和鱼贝类一起熬煮的时候常会加入一些，嫩煎白身鱼的时候，也会撒满这些草本。我还常常会用切成薄片的番茄、油、西洋醋、少许大蒜泥一起腌泡，做成色拉。假日在家烧烤时，在大人食用的烤香肠上撒上一些，口味一下子变得纯正起来，经常受到大家的好评。

遇见乡土料理，感受日子的丰美

讲究是一种心情，只要我们能有理解事物心情，所有的美都可以被完整地接受。

每当我想要拓展自己的料理门类的时候，与那些当下热门的菜式，或是从海外传入让人耳目一新的食材相比，更能吸引我的却是那些时间久远而又在这片土地上广为流传的乡土料理。乡土料理大多采用当地的食材，所以是一个可以尝遍各地美味的智慧宝库。虽然说不上温故知新，不过在这个宝库中可以找到许多让你感到"啊！原来如此"类茅塞顿开的料理，也可以发现不少让你惊叹"还有这种烹制方法啊"？！带给你惊喜的烹制方法。正是因为现今的生活，才能让你感到这个宝库是那么鲜活，而又充满了各种新的发现。

正因为这个原因，最近外出旅行的间隙，我常会向当地的食材店、料理店，有时候是出租车司机（在路上遇到爱说话，又爱美食的司机，他们会告诉你很多东西）、农家、渔夫，甚至是住在当地的主妇们打听，学上几道当地的乡土料理。

这几年因为工作关系，我有很多机会去中部走访，从而学会了不少当地的乡土料理。在爱知县的丰桥，我学会了用晒干的萝卜叶，把它们切细后，放入煮熟的米饭搅匀，做成"菜饭"；长野的农家则教会我制作"腌芦笋""木耳腌菜"的方法。浜松的"浜纳豆"（煮熟的大豆和小麦粉混合发酵，腌泡后再干燥的一种纳豆），与中式菜的食材豆豉一样，当作调味料来使用甚是美味。在三重县的桑名，我学会了用那里的名产——文蛤只加生姜和酒，做出一种奢侈的海鲜饭。同样是三重县，有一个叫尾鹫的地方，我在那里学会了用蒸熟后晒干的鲣鱼（成为干制鲣鱼之前，比较软的鲣鱼干），和腌制的芋头茎、生姜泥一起做拌菜，味道鲜美让人啧啧称赞。当地人说他们做菜的时候大都是凭感觉估量，所以无法告诉我精确的分量。于是回家后我总要重做几遍，直到吃出同样的口感，同时这也是一个很不错的练习。从那以后，我们家的基本菜品中又诞生了不少新的候选品目。

在家里重现这些美食记忆的时候，就会让我想起它们诞生的那片土地，那种亲近感在心中油然而生并留下了深刻的印记。所以，当我又一次要踏上下一个旅程的时候，经常会想："此次，在什么地方，我会遇见怎样美味的料理和新奇的食材呢！"，从而为旅途也增添了不少乐趣。

轻松做出美味的节假日聚餐

在特殊的日子能拿出几样"当天必做"的传统惯例餐食,还是挺有意思的。

尽管作为平常的家庭料理,没有必要特意烹制什么特别隆重的菜肴,但是在特殊的日子能拿出几样"当天必做"的传统惯例餐食,还是挺有意思的。我觉得这样既可以起到点缀每天平淡三餐的作用,又可以让孩子长大后,回忆往事时留下一个"这样说来,每年这个时节我吃了这个啊"的记忆。

虽说我们家只有一个男孩,但是作为迎接春天到来的一个传统仪式,每年我都会做女儿节的什锦寿司饭,其中一半的原因是为了自我满足而已(笑)。重点是我用摊得厚厚的鸡蛋皮代替了蛋皮丝,并把它们切成方块,取几样自己喜欢的生鱼片(放入了鲑鱼,马上就增添了春天的色调)。再放上咸鲑鱼子、有造型的胡萝卜和切成薄片的甜豌豆,色彩鲜艳,再用小型的寿司桶盛放,最后连桶一起端上餐桌,别有一番风味。

七夕的"夏天暑伏什锦寿司饭"。暑伏的丑日虽嫌早了一些,不过因为快要临近夏天，所以也有预防滞夏的意思。用蒸笼将烤鳗鱼蒸热，切成 2cm 宽的大小，放在拌了醋的米饭上，关键是要多加些襄荷或是紫苏等佐料。因为夏季炎热，不愿意在做饭上花时间，这种简单做法，让你能轻松地品尝到美味。

送来新米的日子，就想到了"秋天的什锦菜饭"。为了享受品尝不同的口感，把莲藕、生姜竖切成条，放足量，用砂锅煮熟。我的诀窍是一半粳米，一半糯米，煮出糯米蒸饭的感觉。因为这种什锦菜饭非常扛饿，所以在野餐和运动会时，很受大家的欢迎。

招待客人的圣诞晚会，当然要有用平底锅做成的菲迪奥瓦。这是西班牙料理中的一道杂烩菜饭，里面加入了一种叫菲迪里尼的细意大利面。番茄的红色和荷兰芹的绿色，不知不觉中正好搭配出了圣诞的色彩，深受大人和孩子们的欢迎。

当我们为"今年做什么饭"而烦恼时，有了类似这样的"常备料理"，对我们太有帮助了。让我们常备一些可以轻轻松松就能做出美味的"传统惯例饭食"吧！

春季女儿节什锦寿司饭

材料（4人份）：煮熟的米饭2升　珠斑鲊（真鲷鱼）200g　马苏大麻哈鱼200g　鸡蛋3个　扁豆荚80g　甜菜糖1小勺　白炒芝麻适量　A（米醋90ml　甜菜糖2小勺　盐1 1/2小勺）

① 搅拌容器中把鸡蛋打散，加甜菜糖1小勺拌匀。用少许油摊出厚鸡蛋皮，放至冷却。

② 珠斑鲊、马苏大麻哈鱼、把①切成1.5cm大小的方块。扁豆荚用少许盐放在水里稍微煮一下，淘箩沥干水分，冷了以后切丝。

③ 在煮熟的米饭上加入混合调匀的A，分2～3次加入，一面用团扇扇凉，一面用饭勺捣铲米饭，同时添加白炒芝麻。

④ 容器盛装，撒上①、②、白炒芝麻。

春季女儿节寿司饭

这个寿司饭味道取决于寿司里的牡蛎。春季的配色让人愉悦。

夏季暑伏什锦饭

材料（4人份）：煮熟的米饭2升　鳗鱼400g　蘘荷4个　绿紫苏10片　鸭儿芹1/2束　白炒芝麻3大勺　A（白梅醋4大勺　酸橘果汁1大勺）　装饰用酸橘适量

① 蒸笼有蒸汽后，放入鳗鱼蒸5分钟，切块成2cm宽。

② 3个蘘荷切碎，放A中腌10分钟。剩下的1个蘘荷切丝，沥去水分。绿紫苏切丝。

③ 煮熟的米饭里加入浸有蘘荷的A，1/2的绿紫苏，切成大块的鸭儿芹，一面用团扇扇，一面用饭勺切铲米饭，再加入炒白芝麻。

④ 用容器盛装，撒上①、蘘荷丝和剩余的绿紫苏，最后摆上酸橘。

夏季的鳗鱼拌饭

醋味米饭的酸味来自于白梅醋,很适合夏天的味道。

秋季的什锦菜饭

材料（4人份）：粳米0.18升 糯米0.18升 莲藕400g 刀豆10根 油炸豆腐1片 生姜1片 A（鲣鱼海带汤汁370ml 酱油1大勺 酒1大勺 盐1小勺） 白炒芝麻适量

① 把米洗净，粳米用淘箩沥干水分，糯米浸水30分钟左右，水要没过糯米。

② 莲藕削皮，切成1cm粗细的方柱切块，浸水去涩。刀豆切去两头，切丝。生姜切丝。

③ 把沥干了的①、②和A一起入锅，放置20分钟左右，再盖上锅盖大火煮。煮开后改小火，20分钟后关火，焖15分钟。

④ 打开锅盖，撒上白炒芝麻，如果有的话，再撒上一些辣椒细丝即可。

秋季菜饭

蒸煮的糯米饭,即使冷了也很好吃。享受新米特有的香甜味,以及特别的口感。

冬季的圣诞菲迪奥瓦

材料（容易烹制的分量）：意面（菲迪奥瓦）250g　虾（带头）4个　扇贝200g　洋葱1/2个　西芹1/2根　迷你番茄16个　大蒜头1瓣　柠檬1个　荷兰芹4簇　A（白葡萄酒50ml　水250ml　盐2小勺）　橄榄油2大勺　胡椒少许

① 洋葱、西芹、大蒜切碎。迷你番茄横着一切二。

② 平底锅倒入橄榄油，放入大蒜，中火爆香后加入洋葱、西芹，炒至呈透明。

③ 将意面（菲迪奥瓦）切成3cm长短，加入后稍作翻炒。铺上虾、扇贝、迷你番茄，盖上盖闷烧8分钟左右。

④ 开盖，收去些水分，沿着锅边一圈，浇上一大勺橄榄油，烧至底面成焦黄色，关火。撒上胡椒、切碎了的西芹，最后摆上切成随意大小的柠檬块。

冬天圣诞节的菲迪奥瓦

加入了带头的大虾增添了华丽的感觉。剪短了的意大利面，孩子们吃起来也很方便。

我家私房咖喱的独特风味

即便再忙,也要有足够的时间陪伴家人,享受食材的选择和烹饪的过程。

说起咖喱,就是"家常料理"的感觉。听很多人说起"咱家的咖喱",都少不了类似"水分要100%来自苹果汁""洋葱一定要先炒1个小时""用即食咖喱汁做咖喱饭时一定要2~3种混着用"等五花八门的各种独门绝招。直到现在我最情有独钟的仍然是妈妈亲手做的咖喱,而且我先生最中意的也是他母亲做的自家咖喱。实际上在我们家,咖喱饭大多是因为我晚上需要外出才做。一般都是我事先做好,晚上"拜托"我先生和儿子吃,说白了就是我忙不过来时的"救急料理"。即使是这样,咖喱饭仍然是"有了它就可以安心",非常值得信赖。

我们家的"男人帮",对咖喱的喜好相当保守。比如说到了夏天,我不由自主地很想在咖喱中加入些茄子、秋葵等当令时蔬,可是他们却更喜欢土豆、胡萝卜、洋葱、肉块这些传统的食材。另外,因为孩子还小,对那些味道浓郁的香料还不能接受,所以食材放在一起煮熟以后，我会用两个锅子分别制作大人和孩子两种不同的咖喱。

做出我家别具一格的"自家咖喱"也是有诀窍的，那就是：把洋葱、西芹切碎，炒透以后加入咖喱，加入咖喱粉的时候要在平底锅里先炒一下再加入，这样的话，可以炒出咖喱的浓郁香味。还有，用猪肉做咖喱的时候要加水，用鸡肉做的时候就要用罐头番茄替代加水。在大人口味的咖喱里，要加入孜然、豆蔻、香菜（这样味道会更紧实）。然后，咖喱冷却下来味道会变得自然调和（和炖煮料理一样），正因为如此，一旦煮了之后要放着冷却，让它酝酿出味。

制作普通咖喱的时候，我都是用咖喱粉和面粉，只是做牛筋肉咖喱的时候，我会用即食咖喱汁。然后，做普通咖喱的时候我基本上会配玄米，而做牛筋肉咖喱时，我会配上白米饭。

我们家的"自家咖喱"宝典还是很独特的，正是这些富有创意的窍门，才是保证"自家咖喱"具有独特风味不可或缺的要素。即便再忙，也要有足够的时间陪伴家人，享受食材的选择和烹饪的过程。

牛筋肉咖喱

材料（4人份）：牛筋肉500g 洋葱2个 胡萝卜1根 生姜1瓣 芝麻油2小勺 番茄罐头1个 A（红葡萄酒100ml 水100ml） 咖喱酱（碎片状）150g B（酱油2小勺 盐1/2小勺）

① 把牛筋肉放入烧开的水中，煮大约5分钟倒出，用水冲洗。同样的过程再重复一遍，把牛肉切成容易入口的大小。

② 洋葱6等份切扇形块，胡萝卜切成7～8mm厚的半月形块，生姜切末。

③ 锅内倒入芝麻油开中火，炒香生姜后加入洋葱、胡萝卜一起翻炒，直到呈透明色。

④ 把①和番茄倒入锅中，同时把番茄搅碎，加入A。去沫开稍强的小火煮45分钟。

⑤ 加入咖喱酱，使之溶化，为了不让它烧焦，要时不时地用木勺搅拌，这样再煮20～30分钟。

⑥ 待牛筋肉煮软以后，加入B，最后调味。

快乐"蒸生活"

蒸笼经过长年的使用，在带给我不少喜悦的同时，也渐渐有了自己的表情和风貌。

　　蒸笼是在我们家使用频率很高的一个烹饪器具。蒸煮料理，就是将食材切好，放入蒸笼，无需在边上一直盯着，是一种非常轻松的烹饪方法。因为热水的热汽，所以是在一种温润的状态下烹制料理，从而避免食材变得干巴。这种烹饪方法不只是可以制作出松软丰满的口感，而且因为无需多余的水分加入，所以能保留食材的原汁原味，更突显食材的鲜美。蒸腾的水汽，让我们很容易觉得非常适合秋冬季节，不过到了不愿意久立于炉灶前的夏季，常常使用蒸笼也是相当便利的一种烹饪方法。

　　我现在常年使用的蒸笼就是在横滨中华街的一家叫作"照宝"的中餐食器店买的。常用的是直径15cm的两层蒸笼。比如在给孩子做便当的那段日子，上面一层放早餐的小菜，下面一层放便当的配菜，一起蒸煮。剩下的小菜和米饭可以分别放入上下两层，需要多花些时间的肉菜可以先蒸，几分钟后再把蔬菜放入上层的蒸笼蒸煮。这样饭菜可以同时制作完成，非常方便。除此之外，我还有一个直径为 24cm 的蒸笼，可以直接把大的盘子放在里面蒸煮，做菜招待客人的时候最爱用它。

早饭，我常会蒸一些比较扛饿的根菜类食物。比如莲藕、土豆、萝卜等，切成 7~8mm 厚的块，蒸 8 分钟左右就好了。再滴上少许橄榄油撒上一点盐，就立刻变身为一道亮眼的小菜。吃不完放到晚上做晚饭的小菜也没有问题，因为蒸菜即便冷了，味道也是不错的。

还有，推荐大家可以拿蒸笼来温热烤鳗鱼。敷上烹饪薄膜，大火加热 7 分钟左右即可。用烤架去热烤鳗鱼，会使水分流失，鱼肉发硬。用蒸煮的方法，可以使食材松软多汁，如果同时又可以把冷饭也一块儿蒸热了的话，这也算是一石二鸟了。

因为蒸笼多是用杉、竹等天然材料制成，所以用完后要放在通风的地方让它好好干燥，这是延长使用寿命的一个小窍门。经过长年的使用，它们带给我不少喜悦的同时，也渐渐有了自己的表情和风貌。

清蒸蛤仔

材料（2人份）：蛤仔300g　生姜1片　A（绍兴酒3大勺　盐1/3小勺）芝麻油2大勺　香菜适量

① 用水把蛤仔的外壳刷洗干净，放入平底容器中，倒入溶有2大勺盐的盐水1升。敷上铝箔，放在背阴处2个小时，让蛤仔吐净沙粒后，淘箩沥干水分。

② 耐热餐盘放上①，生姜切丝，撒上A。待蒸汽出来后，放入蒸笼，大火蒸10分钟。

③ 从蒸笼中取出餐盘，添上芝麻油，把香菜切成适当的大小，摆上。

※ 除了蛤仔以外，文蛤、牡蛎、白身鱼（如鲷鱼、鳕鱼、鲈鱼、石鲈）、青鱼（如沙丁鱼、竹荚鱼、鲥鱼）等也可以试一下。

为了增添风味撒上的麻油,伴随着热气散发出温柔的香味。

招待宾客的时候,把蒸笼整个端上桌来,在众人面前打开蒸笼盖子,一下子蒸腾出的热气也能给大家带来不小的惊喜。

像这样分两层同时蒸,还可以起到把菜温热的作用,也是我喜欢用蒸笼的理由。

我的食材生活日记

为了明天的工作可以轻松自在一些,

在每天的生活中,一点一点地下点勤勉的小功夫。

对预先知道要做的工作,提早做好安排,

用日记记录下了某一个月的生活。

爱生活,就是要把生活过成自己喜欢的样子。

6月某日（周日）

早上5点起床。因为明天要在家摄影，把一直想要打扫的玄关，打扫得比以往更干净些。10点以后要接送孩子去上兴趣班，所以利用这个间隙，为明天的摄影前去采购。下午开始衣服的换季作业。把夏服与冬服做替换。在准备晚餐的时候，因复买了些鸡肉，所以用酸奶腌一下冷冻保存起来。

早餐　饭团、豆腐和京葱的味噌汤、烝蔬菜、蔬菜汁
午餐　山药泥和鸡脯肉盖浇饭
晚餐　照烧鸡肉（芦笋也可一起烤）、土豆味噌汤

6月某日（周一）

10点摄影开始。因为拍的是点心，在工作间隙为工作人员做了一顿工作餐。16点收工。边收拾边准备晚餐，这时传来"我回来啦"的叫声，儿子放学回家了。

早餐　面包圈、荷包蛋、蔬菜汁、酸奶
午餐　玉米饭、腌圣女果
晚餐　用黑醋腌制的金枪鱼生鱼片、豆芽菜和生菜及裙带菜的色拉、蚬壳（现用冷冻的）味噌汤

6月某日（周二）

10点在涩谷会合，11点结束。商谈非常顺利，心情非常清爽畅快。在回家的路上顺便逛了逛洋服店，13点回到家。今天会有从"地球人俱乐部"发出的快递，用冰箱里的存货做了汤。顺手快速把冰箱打扫了一下。送来的蔬菜有：土豆、苹果、胡萝卜、台湾黄麻、京葱、新洋葱、香蕉等。

早餐　面包圈、蒸蔬菜、蔬菜汁、酸奶
午餐　咖啡店的意面
晚餐　猪肉炖豆、芝士烤土豆、新洋葱汤

6月某日（周三）

7:30分在新宿有外景拍摄，为家人准备好早餐出门。11点收工。接着为明天的摄影采购食材，然后回家。傍晚，因为孩子有兴趣班，做了菜饭，捏成饭团。准备了肉汤和羊栖菜色拉，肉汤在放入味噌酱之前先取1/3，用剩的羊栖菜一半冷冻。

早餐　土司面包、蒸蔬菜、嫩炒鸡蛋、水果、蔬菜汁
午餐　工作餐省略
晚餐　菜饭饭团、羊栖菜色拉、肉汤

6月某日（周四）

早上开始为摄影做准备。10点开始杂志摄影。15点收工。边收拾边为晚餐做准备。做好准备工作后，外出采购明天摄影用的材料，17点去接在公园玩耍的孩子。买了很多的番茄，切大块撒上盐放入冰箱。黄金周期间去了长野的农园，收到从那里寄来了蔬菜（番茄、西葫芦、芥末叶、罗勒等）。

早餐　土司面包、蔬菜汁、酸奶、蒸刀豆和火腿色拉
午餐　摄影菜谱
午餐　烤竹荚鱼和腌番茄，长野蔬菜色拉

6月某日（周五）

早上开始做摄影准备。10点开始杂志摄影。由于是协作摄影，稍微花了些时间，15点收工。因为明天在纪尾井町一间叫作"c"的店铺举行一个名为"梅子的工作"的活动，我一边收拾，一边把5kg梅子事先预定，并把送到的梅子洗净，去蒂。接着准备晚饭。前天剩下的肉汁，做成咖喱口味的汤。煮了昨天送来的玉米，一顿简单的晚餐就算完成了。17:30去公园接孩子，和其他孩子的妈妈们聊天。18:30回家。平时孩子都在21

点前睡觉，今天比以往迟吃了晚饭，睡觉时间也比平时稍晚。不过今天是周五，那就……

早餐　土司面包、盐腌番茄的简易汤、蔬菜汁、酸奶
午餐　摄影餐
晚餐　咖喱风味猪肉汤、煮玉米、醋拌台湾黄麻和盐腌番茄

6月某日（周六）

8点到达活动现场，10点开始"柚子工作"活动。见到了很多烹饪爱好者，非常开心。14点活动结束。和工作人员一起吃了一顿晚午餐，也兼作为活动的庆功宴。孩子有先生代为照看，十分感谢。18点因为要参加先生爷爷的104岁生日宴，回到家。和亲朋好友一起庆祝老人家的生日，婆婆和她的姐妹们都精于美味的制作。从这些资深主妇那里我学到了很多。23点左右回到自己家中。累了一天，泡了澡以后，倒头就睡。

早餐　煮玉米、蔬菜汁、酸奶
午餐　小餐馆窃笑？
晚餐　婆婆家的庆祝晚餐

6月某日（周日）

今天比往常起晚了一些。尽管如此，我7点也起床了。中午，清扫空调的专业人员来我家。这些年来养成了一个习惯，每年炎夏到来之前，我都会请人来看看把霉迹清除掉。今天，因为先生有工作，所以我和儿子带着饭团去温水游泳池。15点回家。孩子和朋友去了公园，我则为明天的摄影外出采购。晚餐是孩子点的煎饺。由于没有时间，饺子皮是外面买的。

早餐　玉米蔬菜汤、土司面包、蔬菜汁
午餐　饭团（梅子、鲑、鲣鱼干）
晚餐　煎饺、凉拌黄瓜黑木耳、裙带菜汤

6月某日（周一）

10点开始杂志摄影。中午制作工作午餐。在HP快速下单订了美味的盐味饼干，作为给工作人员的慰问品。准备晚餐的时候，把明天晚餐要炸的里脊猪排，也涂满了面糊，放入冰箱。

早餐　面包圈、蔬菜汁、酸奶（布伦酱）
午餐　玉米饭、万愿寺辣椒的腌泡煎蔬菜
晚餐　开片竹荚鱼、牛油果色拉、石莼味噌汤

6月某日（周二）

10点去涩谷会合。因为要商谈很多实质性的内容，可能会谈比较长的时间，所以出门前就把晚餐的色拉、要煮要炸的菜都做好了准备。煮菜中要用到的是上周冷冻了的羊栖菜。

早餐　胡桃面包、蔬菜汁、酸奶（布伦酱）、芝士
午餐　在碰头的咖啡店吃了炸鸡块套餐
晚餐　里脊炸猪排、卷心菜色拉、羊栖菜煮菜

6月某日（周三）

昨天从和歌山寄来有机青梅，早上去带沉净。中午为了摄影外出采购。去了"神田屋"，还买了一些自家用的东西。下午回家，因为有上好的沙丁鱼，用青梅做了梅煮沙丁鱼。口感清爽。傍晚送孩子去兴趣班，晚上19点到家吃晚餐。把用水沉净的青梅放入保鲜袋冷冻保存。分包存放，可以做几次梅子露。冷冻后，果肉的纤维被破坏，所含有的精华也比较容易析出。

早餐　米饭、茄子和襄荷的味噌汤、煮羊栖菜、蔬菜汁
午餐　面包店买来的三明治
晚餐　梅煮沙丁鱼、芦笋培根卷、蔬菜嫩叶番茄色拉

6月某日（周四）

10点到15点在摄影棚里进行杂志摄影。晚上因为有聚餐会，所以除了用前天做的煮羊栖菜做了香菜色拉，还做了一些其他的晚餐准备后出门。

早餐　土司面包、蒸蔬菜、蔬菜汁、酸奶（布伦酱）
午餐　摄影用菜单
晚餐　葡萄牙料理店聚餐会（丈夫和孩子都食猪肉煮大豆、羊栖菜和香菜色拉、滑子菇豆腐味噌汤）

6月某日（周五）

为活动做准备，前去西荻的"S"店铺。中午用玻璃制作家原创的玻璃瓶，进行了装入果醋和果酒的作业，下午去新宿碰头，这之后去聚餐会。因为回家已晚，儿子就住在了奶奶家。

早餐　蔬菜汁、酸奶、烘烤蛋包饭
午餐　意大利料理店意面
晚餐　意大利料理店聚餐会

6月某日（周六）

因为是周六，起床稍晚了些。上午给聚餐会要穿的皮鞋做了保养，还做了梅子露。下午和儿子一起去福生参加了友人的摄影展。回来的路上顺道去了JA的蔬菜直营店，买了些新鲜的红紫苏。在溽夏的时候喝些紫苏汁，真的很有好处。连着两天都在外聚餐，晚上则是养胃菜单。

早餐　蔬菜汁、酸奶
午餐　福生肉肠店的热狗
晚餐　调料丰富的竹荚鱼生鱼片、汤煮豆腐、万愿寺辣椒的煮物

6月某日（周日）

中午送孩子去兴趣班，充分利用等他下课的空隙时间，到我最近常去的攀岩俱乐部运动，消解疲劳。在附近的面包店吃了午饭，和孩子一起去了公园。为明天的摄影前去采购。冰箱里还存有很多蔬菜，做了蔬菜煮物。平日里孩子都是吃着父母安排的食物，周末尽量让孩子决定吃什么，今天点的仍然是煎饺。最近特别热衷于它，今天自己在家做饺子皮。

早餐　饭团、荷兰豆味噌汤、蔬菜汁、炒鸡蛋
午餐　面包店的色拉面包拼盘
晚餐　煎饺、黄瓜番茄的麻油色拉、凉拌新洋葱鲣鱼干

6月某日（周一）

上午10到下午15点进行杂志摄影。早上做了先生想吃的便当。梅子凉拌鸡脯肉和黄瓜，腌泡囊荷，紫苏炒鸡蛋。晚餐是昨天做的蔬菜煮物和斯佩尔特小麦一起混合后做的汤。

早餐　鸡肉菜泡饭（做便当剩余的鸡脯肉烧汤）、蔬菜汁
午餐　摄影菜单、编辑们带来的面包
晚餐　斯佩尔特小麦和蔬菜做成的汤、烤番茄竹荚鱼、腌泡茄子

6月某日（周二）

今天电脑上的工作很多的，会比较忙。早上做了自己和先生的便当。做完家务后，到中午写了许多食谱。午后为明天的摄影外出采购。傍晚收到了从"地球人俱乐部"快递来的蔬菜。里面放了好多辣椒，把土去干净，切掉根。趁着还新鲜赶快开夜车把它们都腌泡起来。

早餐　土司面包、蔬菜汁、酸奶、蒸蔬菜
午餐　便当
晚餐　嫩煎酸奶腌鸡肉、土豆色拉、新洋葱玉米汤

6月某日（周三）

10点开始摄影。今天的主题是下酒小菜，所以简单的色拉配米饭很受大家的喜爱。15点收工。赶紧去为明天的摄影采购食材。因为没有时间，晚餐就是简单的盖浇饭。把冷冻的猪肉解冻后，用味噌酱腌好放在明天备用。

早餐　土司面包、蔬菜汁、酸奶、肉肠、蒸蔬菜
午餐　色拉配米饭、凉拌煎茄子
晚餐　黑醋金枪鱼盖浇饭、海藻生菜色拉、口蘑凉拌木棉豆腐白芝麻

6月某日（周四）

10点到16点摄影。收拾整理好后，17：30去公园接孩子。为每天的摄影外出采购，在外晚餐。因为找到了新出的杏子，晚上煮了做成果子露。

早餐　土司面包、蔬菜汁、酸奶、嫩煎鸡蛋
午餐　摄影餐
晚餐　家附近的寿司店

6月某日（周五）

从10点到16点摄影。收工后，因为晚上要外出，把孩子送到奶奶家。用大篮装了一篮子孩子的替换衣物和玩具，开车送去。第二天孩子要上学，所以聚餐会后，把孩子接了回来。婆婆给了我们好多夏橘。

早餐　米粉面包、蔬菜汁、酸奶、蒸蔬菜
午餐　摄影餐
晚餐　中华料理店的聚餐会（为先生做了一盘蒸味噌酱猪肉和蔬菜套餐）

6月某日（周六）

今天是小学周六参观日，上午去孩子的学校。之后孩子在校继续上课，我和先生在外碰头、购物、吃了午饭回家。买了久违的一直中意的蛋糕。明天要和朋友一家去烧烤，准备了汉堡肉饼。顺便多做了一些自家食用，冷冻保存。

早餐　米粉面包、蘑菇蛋包饭、蒸蔬菜、蔬菜汁、酸奶
午餐　家附近的泰国料理店
晚餐　焗箭鱼、菠菜色拉、芝麻凉拌豆芽

6月某日（周日）

前往住在山梨县的朋友家，挖土豆和烧烤。为了避免路上堵车，凌晨3点出发。在大篮子里装进了昨天就备好的汉堡肉饼，还有蔬菜什么的一起带走。孩子们也是欢闹兴奋。我已经好久没有出远门放松自己了。回来的路上物色了各种蔬菜（甜豆、茄子、迷你番茄、西葫芦、番茄、玉米等），惊人的新鲜和便宜。

早餐　车内吃了饭团
午餐　烧烤（汉堡肉饼、蔬菜类、香肠），用现采蔬菜做的色拉
晚餐　把冷冻的莲藕回锅蒸熟、石莼味噌汤、甜烹海苔

6月某日（周一）

和参观日时调，今天孩子在家不用上学，我也休息一天。用昨天买的蔬菜做蒸蔬菜，剩余的和番茄一起做成法式炖煮蔬菜。孩子和伙伴一起去附近的公园，我则写稿和填写账单等。手头的事告一段落后，打扫了好久没有打扫的阳台，一下子清爽了许多。做晚餐用剩下的羊栖菜，用酱油腌制了保存。

早餐　面包圈（橘子酱）、蔬菜汁、酸奶、蒸蔬菜
午餐　山梨的蔬菜和蘑菇的意大利面
晚餐　腌烤青花鱼、中式蒸茄子、凉拌芝麻羊栖菜、羊栖菜色拉

6月某日（周二）

10点在涩谷碰头。出门前，把晚餐用的牛肉调味，腌好。为明天的摄影采购，然后回家。收到了从"地球人俱乐部"发来的蔬菜。还收到了做梅干用的梅子，去蒂，沥净。今年梅子的季节终于来了，真让人高兴。

早餐　蒸蔬菜、蔬菜汁、酸奶（橘子酱）
午餐　鱼松盖浇饭
晚餐　烤牛肉土豆、法式炖煮蔬菜、榛子嫩叶色拉、
　　　裙带菜玉米洋葱味噌汤

6月某日（周三）

比往常稍微早起了一些，做了盐腌梅子后出门。10点开始在摄影棚为杂志摄影，16点回家。送孩子去兴趣班，趁间隙时间为明天的摄影外出采购。

早餐　土司面包、加入法式煮蔬菜的蛋包饭、蔬菜汁、
　　　酸奶
午餐　摄影餐
晚餐　拟乌贼、萤乌贼刺身、羊栖菜凉拌木棉豆腐白
　　　芝麻、蒸蔬菜

6月某日（周六）

10点开始摄影。16点收工。和工作人员一起一面喝茶一面品尝从台湾带来的特产，工作后的小憩。为明天摄影外出采购，去公园接孩子，回家。

早餐　杂粮蔬菜汤、酸奶
午餐　摄影餐饭团
晚餐　鸡肉圆（加了储备的羊栖菜）、番茄长葱色拉、青椒凉拌鲣鱼干、石莼菜味噌汤

6月某日（周五）

连着几日的摄影，略感疲惫，早上饮下一口甜酒。10点开始摄影，16:30收工。边收拾边准备晚餐。简单的一餐。泡澡的时候比平时更用心地做了头部按摩。

早餐　蒸蔬菜、蔬菜汁、酸奶（橘子酱）
午餐　摄影餐饭团
晚餐　凉汁竹荚鱼干、卷心菜和梅子色拉、薏米饭

6月某日（周六）

由于连着几天摄影，家里有些杂乱。上午打扫，心情舒畅，比平时干得更仔细。除了固定的打扫项目，还打理了皮沙发。在这些家务的间隙煮了豆子，一半冷冻保存。

早餐　法式吐司、蔬菜汁、酸奶
午餐　法式肉酱鱼贝鸡米饭
晚餐　冷涮肉、嫩叶菜和糖煮红豆沙拉、煮油炸豆腐

6月某日（周日）

送孩子上兴趣班，和其他的妈妈一起去外面叽叽喳喳地吃午饭。接着带孩子们去公园，一直到17点回家。妈妈们聊着天，孩子们则入迷地钓着小龙虾玩。

早餐　土司面包、蒸蔬菜、蔬菜汁、酸奶、水果
午餐　炸猪排专门店就餐
晚餐　油炸石鲈鱼块、油炸豆腐紫洋葱羊栖菜色拉、
　　　小萝卜味噌汤

6月某日（周一）

11点开始摄影。主题是"下酒小菜"。做了工作餐、汤。收工后，收拾整理还一起准备了晚餐，完了后外出。16点开始在涩谷为了书籍出版和工作人员商谈，因为多花了些时间，就直接和他们一起吃了晚餐。

早餐　饭团、蛋花羹、蒸蔬菜、蔬菜汁
午餐　摄影餐配山药蘑菇汤
晚餐　在碰头的咖啡店吃了炸竹荚鱼套餐（为先生和
　　　孩子准备了夏季蔬菜和猪肉的"多重蒸锅"，
　　　放冰箱保存）

家的样子，就是你对待生活的样子。